sensoriamento remoto da **vegetação**

2ª edição – atualizada e ampliada

Flávio Jorge Ponzoni
Yosio Edemir Shimabukuro
Tatiana Mora Kuplich

© Copyright 2012 Oficina de Textos
1ª reimpressão 2015 | 2ª reimpressão 2019 | 3ª reimpressão 2022

Grafia atualizada conforme o Acordo Ortográfico da Língua Portuguesa de 1990, em vigor no Brasil a partir de 2009.

Conselho editorial Aluízio Borém; Arthur Pinto Chaves; Cylon Gonçalves da Silva; Doris C. C. K. Kowaltowski; José Galizia Tundisi; Luis Enrique Sánchez; Paulo Helene; Rozely Ferreira dos Santos; Teresa Gallotti Florenzano

Capa Malu Vallim
Projeto gráfico, diagramação e preparação de figuras Douglas da Rocha Yoshida
Preparação de textos Hélio Hideki Iraha
Revisão de textos Gerson Silva
Impressão e acabamento Mundial gráfica

Dados Internacionais de Catalogação na Publicação (CIP)
(Câmara Brasileira do Livro, SP, Brasil)

Ponzoni, Flávio Jorge
　　　Sensoriamento remoto da vegetação / Flávio Jorge Ponzoni, Yosio Edemir Shimabukuro, Tatiana Mora Kuplich. – 2. ed. atualizada e ampliada -- São Paulo : Oficina de Textos, 2012.

　　　Bibliografia.
　　　ISBN 978-85-7975-053-3

　　　1. Estudos ambientais 2. Processamento de imagens 3. Satélites artificiais no sensoriamento remoto 4. Sensoriamento remoto - Imagens I. Shimabukuro, Yosio Edemir. II. Kuplich, Tatiana Mora. III. Título.

12-04224　　　　　　　　　　　　　　CDD-621.3678

　　　Índices para catálogo sistemático:
1. Imagens por sensoriamento remoto : Satélites artificiais : Utilização em estudos ambientais : Tecnologia 621.3678

Todos os direitos reservados à **Oficina de Textos**
Rua Cubatão, 798
CEP 04013-003 – São Paulo – Brasil
Fone (11) 3085 7933
www.ofitexto.com.br　e-mail: atend@ofitexto.com.br

Agradecimentos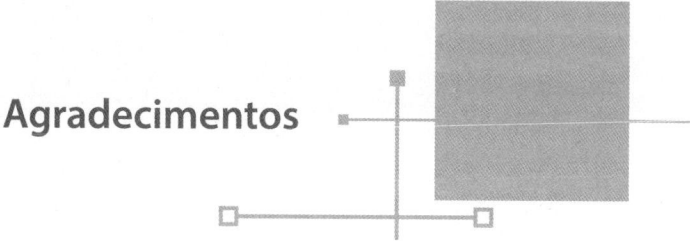

Os autores gostariam de agradecer ao Dr. Lênio Soares Galvão, da Divisão de Sensoriamento Remoto do Instituto Nacional de Pesquisas Espaciais (Inpe), pela revisão técnica do conteúdo deste livro, e à Dra. Corina da Costa Freitas, da Divisão de Processamento de Imagens do Inpe, pela revisão da seção 4.5 do Cap. 4.

Sobre os autores

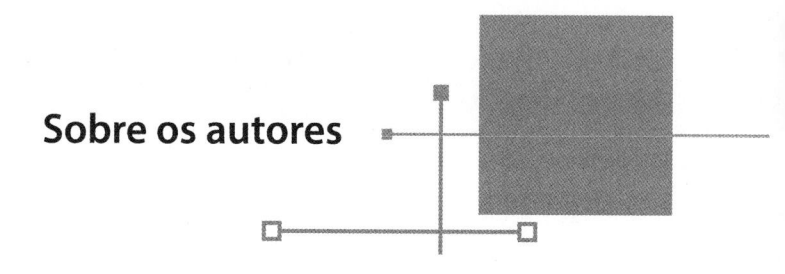

FLÁVIO JORGE PONZONI é engenheiro florestal formado pela Universidade Federal de Viçosa, mestre em Ciências Florestais pela mesma Universidade e doutor em Ciências Florestais pela Universidade Federal do Paraná. Cumpriu programa de pós-doutorado no Centro de Pesquisas Meteorológicas e Climáticas Aplicadas à Agricultura da Universidade Estadual de Campinas (Cepagri/Unicamp), onde desenvolveu trabalhos voltados para a calibração absoluta de sensores orbitais. Atua como pesquisador titular da Divisão de Sensoriamento Remoto do Instituto Nacional de Pesquisas Espaciais (Inpe), onde dedica-se a estudos de caracterização espectral da vegetação e ao desenvolvimento de metodologias voltadas à calibração absoluta de sensores remotamente situados. Atua ainda como docente permanente do curso de pós-graduação em Sensoriamento Remoto do Inpe.

YOSIO EDEMIR SHIMABUKURO é engenheiro florestal formado pela Universidade Federal Rural do Rio de Janeiro, mestre em Sensoriamento Remoto pelo Instituto Nacional de Pesquisas Espaciais (Inpe) e PhD em Ciências Florestais e Sensoriamento Remoto pela Colorado State University (EUA). Atua como pesquisador titular da Divisão de Sensoriamento Remoto do Inpe, onde, desde 1973, vem desenvolvendo estudos voltados à aplicação das técnicas de sensoriamento remoto no estudo da vegetação. Tem sido responsável pela concepção e pelo aprimoramento das metodologias destinadas à identificação e à quantificação de desflorestamentos na região amazônica, as quais têm sido aplicadas nos projetos Prodes e Deter, desenvolvidos pelo Inpe. É docente permanente do curso de pós-graduação em Sensoriamento Remoto do Inpe.

TATIANA MORA KUPLICH é bióloga formada pela Universidade Federal do Rio Grande do Sul (UFRGS) em Porto Alegre. Fez especialização em Organização do Espaço pela Université Toulouse III (França), Mestrado em Sensoriamento Remoto pelo Instituto Nacional de Pesquisas Espaciais (Inpe) e PhD em Geografia pela University of Southampton (Reino Unido). Desde 2002 atua como Tecnologista Sênior no Inpe em trabalhos com sensoriamento remoto da vegetação e uso da terra. Em 2008 transferiu-se para o Centro Regional Sul de Pesquisas Espaciais (CRS), unidade do Inpe em Santa Maria, RS, onde incluiu os campos sulinos dos biomas pampa e mata atlântica nos seus temas de pesquisa. É docente colaboradora na pós-graduação do Inpe e da UFRGS, e docente permanente em pós-graduação da Universidade Federal de Santa Maria (UFSM).

Introdução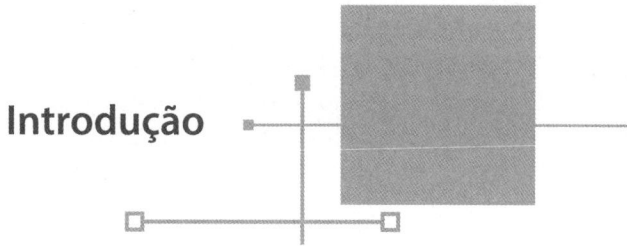

As definições mais clássicas das técnicas de sensoriamento remoto geralmente enfatizam termos como *distância*, *informação* e *contato físico*, que de fato estão fortemente associados à sua fundamentação, mas que, de alguma forma, ofuscam os conceitos principais que permitiriam ao usuário dessa técnica sua perfeita e mais completa compreensão. Dentre esses conceitos destacam-se aqueles intrínsecos aos processos de interação entre a radiação eletromagnética, considerada a peça fundamental das técnicas de sensoriamento remoto, e os diferentes objetos – também chamados de "alvos" na literatura de sensoriamento remoto – dos quais se pretende extrair alguma informação. Para o caso do sensoriamento remoto da superfície terrestre, esses objetos incluem os diferentes recursos naturais, como a água, os solos, as rochas e a vegetação.

Na aplicação das técnicas de sensoriamento remoto é possível explorar diferentes escalas de trabalho, as quais, evidentemente, são dependentes da natureza dos estudos pretendidos. Pensando exclusivamente na aplicação em estudos de vegetação, um profissional especializado em fisiologia vegetal, por exemplo, explora os processos de interação mencionados para quantificar taxas de absorção de radiação por conta da ação de pigmentos fotossintetizantes. Para isso, ele trabalha com equipamento específico em laboratório, cujas medições são realizadas em partes de plantas ou de órgãos específicos delas. Um engenheiro agrônomo, interessado em prever a produção de uma cultura agrícola utiliza dados radiométricos coletados em nível orbital para estimar a quantidade de folhas em fases específicas de desenvolvimento dessa cultura, a qual é correlacionada com a sua produtividade por meio de modelos matemáticos preestabelecidos. Ainda, estimativas de desflorestamentos em regiões remotas do planeta são realizadas mediante a análise de imagens de satélite com diferentes características e escalas; e assim por diante.

No Brasil, a aplicação das técnicas de sensoriamento remoto no estudo da vegetação teve início com os primeiros mapeamentos temáticos realizados na década de 1940, feitos a partir de fotografias aéreas. Eram trabalhos pontuais e com objetivos bastante específicos. Talvez um dos marcos mais significativos dessa aplicação tenha sido o Projeto Radambrasil, que teve como objetivo não só representar espacialmente classes fisionômicas da cobertura vegetal de todo o território nacional, mas também os demais itens fundamentais de estudos sobre o meio ambiente e os recursos naturais, como a geologia, a geomorfologia e os solos. O trabalho foi realizado a partir de imagens de um radar aerotransportado e tem servido como referência para inúmeras iniciativas de mapeamento em todo o país até hoje.

Posteriormente à realização do Projeto Radambrasil, o país iniciou a capacitação de profissionais das mais variadas formações acadêmicas na aplicação e no desenvolvimento de técnicas de sensoriamento orbital, mediante a análise de imagens obtidas por sensores colocados a bordo dos satélites da série Landsat, que operavam em outras regiões espectrais – como as do infravermelho próximo e médio, por exemplo –, em relação àquelas que geraram os produtos utilizados pelo Projeto Radambrasil. No início, os trabalhos enfatizaram a verificação do potencial dessas imagens na elaboração de mapas temáticos, a exemplo do esforço despendido no Projeto Radambrasil. Nessa etapa, as técnicas de realce e de classificação digital (estas últimas então denominadas de *classificação automática*) foram amplamente estudadas e avaliadas.

Em meados da década de 1980, tiveram início algumas iniciativas de mapeamento extensivo de classes específicas da cobertura vegetal brasileira, incluindo culturas agrícolas com grande importância econômica, como a cana-de-açúcar e o feijão; inventários florestais mediante amostragem proporcional ao tamanho, nos quais as imagens orbitais serviam como base para a identificação de áreas a serem amostradas em campo e para a quantificação de superfícies ocupadas por cobertura florestal plantada; mapeamento dos remanescentes florestais da mata atlântica; estimativas de desflorestamento bruto na amazônia, além de outras. Muitas dessas iniciativas sofreram modificações e aprimoramentos e encontram-se ainda em pleno desenvolvimento, com seus resultados sendo utilizados em previsões de safras e no estabelecimento de políticas nacionais de preservação do meio ambiente.

A partir de meados da década de 1990, as pesquisas com sensoriamento remoto da vegetação, que até então exploravam abordagens de cunho fundamentalmente qualitativo (identificação e mapeamento de classes de vegetação), passaram a explorar outras com ênfase mais quantitativa. Foram estabelecidas, por exemplo, correlações entre parâmetros geofísicos do meio ambiente e/ou biofísicos da vegetação, como o índice de área foliar (IAF) e a biomassa, com os dados radiométricos extraídos de imagens orbitais. Para tanto, foi necessária a concretização de esforços na compreensão dos aspectos radiométricos intrínsecos aos processos de formação das imagens. Nesse período, as técnicas de processamento de imagens, que até então quase que se limitavam às classificações automáticas, passaram a explorar maior diversidade conceitual, dando origem aos modelos lineares de mistura; às normalizações radiométricas, que têm como objetivo permitir a comparação de dados radiométricos de cenas de um mesmo sensor ou de diferentes sensores obtidas ao longo de um tempo sobre uma mesma superfície; aos modelos de correção atmosférica; aos campos contínuos de vegetação, além de outros.

A aplicação das técnicas de sensoriamento remoto no estudo da vegetação conta com o esforço e a dedicação de inúmeros profissionais envolvidos com a aplicação e o desenvolvimento de metodologias que resultaram no acúmulo de um conhecimento significativo que pode agora ser disponibilizado para outros profissionais interessados em dele se servir. O objetivo deste livro é, portanto, divulgar e disponibilizar uma parte desse conhecimento a toda a comunidade brasileira, na esperança, ainda, de motivar jovens cientistas a contribuírem na necessária ampliação do conhecimento mencionado.

Sumário

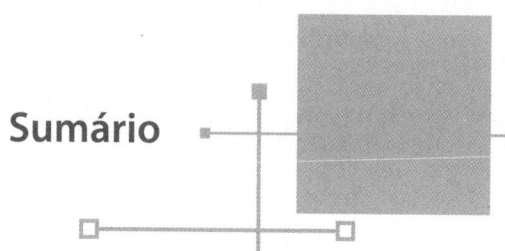

1 A vegetação e sua interação com a radiação eletromagnética 13
1.1 Conceituação 13
1.2 Interação da radiação eletromagnética com os dosséis vegetais 28
1.3 Folhas isoladas x dosséis 43
1.4 Modelos de reflectância da vegetação 45

2 A aparência da vegetação em imagens multiespectrais 49
2.1 Interpretação visual 59
2.2 Processamento digital 67

3 A imagem como fonte de dados radiométricos (abordagem quantitativa) 75
3.1 Conversão de ND para valores físicos 75
3.2 Correção atmosférica 79
3.3 Normalização radiométrica 82
3.4 Transformações radiométricas 85

4 A vegetação através de dados SAR 113
4.1 Breve introdução aos dados SAR 113
4.2 Parâmetros dos sistemas SAR 115
4.3 Características dos alvos 118
4.4 Mecanismos de espalhamento 119
4.5 Polarimetria e interferometria 119
4.6 A vegetação em dados SAR 122
4.7 Dados SAR orbitais passados e disponíveis 125
4.8 Aplicações de imagens de radar para a vegetação 125

5	Aplicações	135
5.1	Área de estudo	135
5.2	Caracterizando espectralmente	138
5.3	NDVI e modelo linear de mistura espectral	142

Considerações finais 151

Referências bibliográficas 153

Leitura recomendada 159

A vegetação e sua interação com a radiação eletromagnética

1.1 Conceituação

Pensar no processo de interação entre a radiação eletromagnética e a vegetação nos faz recordar que os vegetais realizam fotossíntese, processo fundamentado na absorção da radiação eletromagnética por parte dos pigmentos fotossintetizantes como as clorofilas, xantofilas e carotenos. Sabemos que essa absorção não ocorre indistintamente ao longo de todo o espectro eletromagnético, mas especificamente na região do visível (0,4 μm a 0,72 μm). Sabemos ainda que, de todos os órgãos existentes em uma planta, as folhas são aquelas que têm como função principal viabilizar a interação com a radiação eletromagnética especificamente nessa região espectral. Além disso, o que mais seria relevante saber quando se considera a aplicação de técnicas de sensoriamento remoto no estudo da vegetação? Para responder a essa pergunta, devemos primeiramente considerar que existem várias escalas de trabalho possíveis, as quais permitem o estudo de partes de uma planta, de uma planta inteira e de conjuntos de plantas. A adoção de uma escala específica exigirá um determinado nível de conhecimento, tanto sobre a vegetação em si como sobre todo o instrumental disponível para viabilizar o estudo pretendido. Consideremos primeiramente o estudo de uma única folha extraída de uma determinada planta. Antes de aprofundarmos nossa discussão sobre sua interação com a radiação eletromagnética, recordemos alguns aspectos de sua morfologia. A Fig. 1.1 apresenta um corte transversal realizado em uma determinada folha.

É possível observar que as folhas são constituídas por diferentes tecidos. A face ventral é aquela que está voltada para cima, recebendo então maior quantidade de radiação eletromagnética provinda do Sol. Nessa face é que se encontram diferentes tipos de estruturas, como pelos e camadas

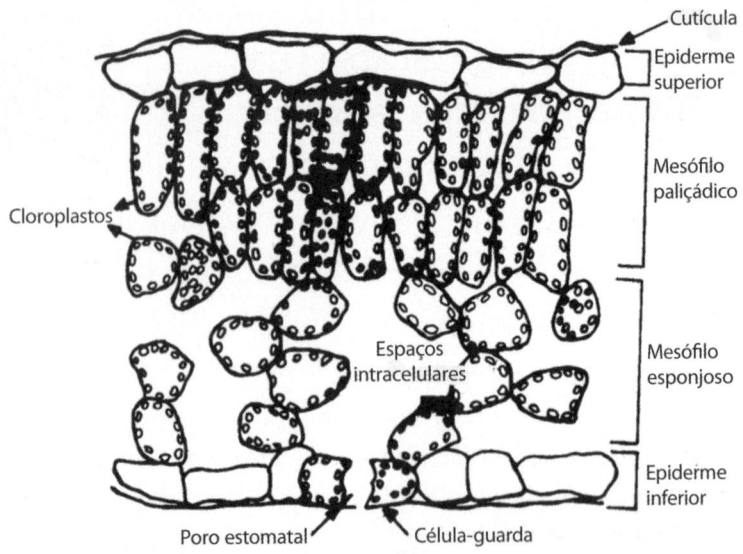

Fig. 1.1 Seção transversal de uma folha

de cera (cutícula) que exercem diferentes funções de proteção. Logo abaixo dessas estruturas, encontra-se a epiderme, composta geralmente por células alongadas e por outras diferenciadas para desempenhar funções específicas, como aquelas que formam os estômatos. Abaixo da epiderme encontra-se o mesófilo paliçádico, também chamado de parênquima paliçádico, o qual é organizado por células ricas em cloroplastos, que são as organelas dentro das quais se encontram os pigmentos fotossintetizantes, principalmente as clorofilas. Seguindo em direção à face dorsal da folha, encontra-se o mesófilo esponjoso, também conhecido como parênquima esponjoso, que se caracteriza por apresentar uma organização de células menos compacta do que o mesófilo paliçádico, que lhe confere uma maior quantidade de lacunas entre as células, lacunas essas preenchidas com gases resultantes dos processos de respiração e de transpiração. Segue-se novamente a epiderme, com um número frequentemente maior de estômatos em relação à face ventral, e, finalmente, uma nova camada de cera ou de cutícula, na qual voltam a aparecer estruturas como pelos e ceras.

É evidente que existem variações marcantes de estruturas de folhas entre espécies diferentes e até mesmo entre folhas de uma mesma espécie, cujos indivíduos se desenvolvem em condições ambientais diferenciadas, mas o que é relevante compreender é que a folha em si pode ser considerada como um meio pelo qual a radiação eletromagnética trafega, e dependendo do comprimento de onda dessa radiação, alguns componentes desse meio, bem como outros fatores relacionados à fisiologia da planta, vão exercer influência no processo de interação mencionado.

Assim como acontece com qualquer objeto sobre o qual incida certa quantidade de radiação eletromagnética, três são os fenômenos que descrevem o processo de interação em questão. São eles: a reflexão, a transmissão e a absorção. Simplificadamente, as frações espectrais da radiação incidente que serão refletidas, transmitidas e absorvidas dependerão das características físico-químicas de um objeto. Com as folhas, o mesmo raciocínio pode ser aplicado. Vejamos, portanto, os aspectos mais relevantes desse processo.

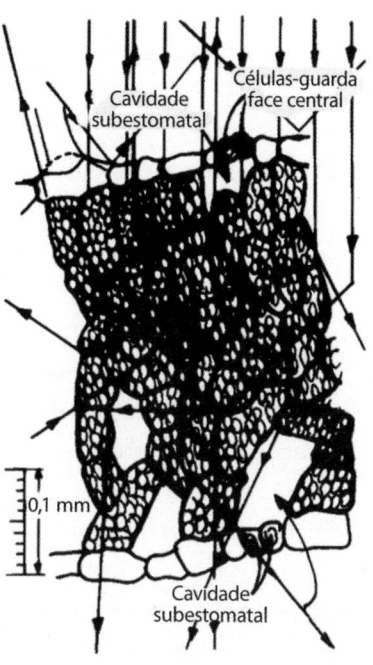

A Fig. 1.2 apresenta outro corte transversal de uma folha com indicação das possíveis trajetórias de feixes de radiação eletromagnética incidentes.

Fig. 1.2 Seção transversal de uma folha com as possíveis trajetórias da radiação eletromagnética incidente
Fonte: Gates et al. (1965).

Conclui-se que um feixe de radiação incidente pode ser refletido imediatamente após seu encontro com as estruturas localizadas na cutícula ou até mesmo na epiderme; pode ainda penetrar nessa primeira camada epidérmica, vindo a incidir sobre as células localizadas no mesófilo. Dependendo das características estruturais desse meio (arranjo de células, disposição de espaços intercelulares e composição química), esse feixe pode vir a atravessar (transmissão) completamente a folha. Para melhor compreendermos esses fenômenos, imaginemos, primeiramente, um caso hipotético no qual, sobre uma determinada folha, incida somente radiação eletromagnética referente à região do visível. Sabemos que essa radiação é absorvida pelos vegetais para sua transformação em elementos químicos vitais à sobrevivência deles por meio do processo de fotossíntese. Considerando, ainda de forma hipotética, que parte dessa radiação não é refletida inteiramente pela camada epidérmica e pelas demais estruturas localizadas na cutícula, vindo então a penetrar no mesófilo paliçádico, quais seriam as possibilidades de trajetória desse feixe em sua passagem através da folha?

Primeiramente temos de considerar que dentro da folha existem, de fato, diferentes meios pelos quais o feixe de radiação em questão deverá transitar. Dentro das células existe basicamente água, diferentes tipos de solutos e organelas com tamanhos diferenciados, muitos dos quais com dimensões compatíveis até com as dimensões dos comprimentos de onda da radiação incidente. Entre as células existem espaços preenchidos com gases como o CO_2 e o O_2, além de outros. Sabemos que água e ar apresentam índices de refração diferentes. Essa diferença acarreta frequentes alterações na trajetória de um feixe de radiação incidente à medida que esse feixe translada de um meio para o outro. Nosso feixe hipotético tenderá a atravessar totalmente a folha, seguindo uma trajetória errante dentro dela, a qual será interrompida totalmente, caso seja capturado pelos pigmentos fotossintetizantes. Como já foi mencionado, esses pigmentos encontram-se localizados em grande quantidade logo abaixo da epiderme da face ventral das folhas, nas células do mesófilo paliçádico. Essa possibilidade de absorção pela ação dos pigmentos fotossintetizantes se verifica somente para a radiação eletromagnética referente à região do visível. Vale salientar, entretanto, que nem toda a radiação incidente correspondente à região do visível é absorvida por esses pigmentos. Parte dessa radiação chega a atravessar totalmente a folha, o que explica que, quando contrapomos uma folha à luz solar, percebemos que ela apresenta algum brilho, não sendo totalmente "preta" (total ausência de reflexão ou emissão da radiação eletromagnética). Mas, e se o feixe de radiação, que hipoteticamente assumimos como da região do visível, fosse agora referente à região do infravermelho próximo (0,72 µm – 1,1 µm)?

Consideremos também que esse novo feixe de radiação não foi refletido imediatamente após incidir na cutícula foliar, vindo a incidir na epiderme e, posteriormente, no mesófilo paliçádico. Nesse caso, ele não terá a mínima chance de ser absorvido pelos pigmentos fotossintetizantes, uma vez que estes não absorvem radiação nessa faixa espectral. Assim como aconteceu com o primeiro feixe que imaginamos (região do visível), o segundo feixe seguirá uma trajetória errante no interior da folha, alterando sua direção em função das já mencionadas mudanças de meios e das consequentes alterações nos índices de refração, aliadas a possíveis colisões com faces críticas de organelas e demais constituintes celulares. Aqui ganham importância a forma e a densidade da estrutura interna dos tecidos foliares, e estruturas mais lacunosas tendem a alterar mais significativamente a trajetória de um feixe de radiação.

O tamanho da estrutura celular da folha é grande quando comparado com os comprimentos de onda da radiação eletromagnética na chamada região óptica. As dimensões típicas das células do parênquima paliçádico, do mesófilo esponjoso e das células epidérmicas são: 15 µm x 15 µm x 60 µm; 18 µm x 15 µm x 20 µm; e 18 µm x 15 µm x 20 µm, respectivamente. A camada impermeável da folha tem uma espessura muito variável, oscilando entre 3 µm e 5 µm. Segundo Clements (1904), os cloroplastos (pigmentos responsáveis pelo armazenamento da clorofila) suspensos no protoplasma (meio interno da célula) apresentam-se geralmente com 5 µm a 8 µm de diâmetro e cerca de 1 µm de comprimento, e aproximadamente 50 cloroplastos podem estar presentes em cada célula do parênquima. Dentro dos cloroplastos estão os grana, dentro dos quais se encontra a clorofila. Os grana podem ter 0,5 µm de comprimento e 0,05 µm de diâmetro.

Pensando ainda na trajetória de um feixe de radiação eletromagnética dentro de uma folha, vale lembrar que, para um feixe de radiação eletromagnética referente ao infravermelho médio (1,1 µm – 2,5 µm), os mesmos aspectos discutidos para o feixe da região do infravermelho próximo seriam pertinentes. Entretanto, a água existente no interior das células ou em algumas lacunas intercelulares seria responsável por grande parte da absorção da radiação, semelhantemente ao que foi descrito com os pigmentos fotossintetizantes para o feixe da região do visível. Em outras palavras, quanto maior a quantidade de água no interior da estrutura foliar, menor a quantidade de radiação refletida.

Percebe-se, portanto, que o processo de interação entre a radiação eletromagnética referente ao espectro óptico e uma folha é dependente de fatores químicos (pigmentos fotossintetizantes e água) e estruturais (organização dos tecidos da folha), e pode ser analisado sob os pontos de vista da absorção, da transmissão e da reflexão da radiação. A análise conjunta desses três fenômenos compõe aquilo que denominamos como o estudo do *comportamento espectral da vegetação*, que envolve principalmente o estudo dos fatores influentes na reflexão da radiação por folhas isoladas e por dosséis vegetais, que são os conjuntos de plantas de uma mesma fisionomia, como, por exemplo, o dossel florestal, o dossel de cana-de-açúcar, o dossel de gramíneas etc.

Antes de darmos continuidade à descrição dos fatores intrínsecos da vegetação que interferem na reflexão da radiação eletromagnética, é interessante recordarmos alguns conceitos radiométricos importantes e necessários para uma plena compreensão dessa descrição. Primeiramente, sabemos que o Sol é a principal fonte de radiação eletromagnética utilizada no estudo dos recursos naturais mediante a aplicação das técnicas de sensoriamento remoto. A radiação emitida por esse astro trafega no espaço sob a forma de um fluxo, cuja intensidade varia com o comprimento de onda (λ). A Fig. 1.3 apresenta um gráfico que descreve a intensidade do fluxo radiante emitido pelo Sol para cada comprimento de onda, na faixa espectral compreendida entre as regiões do visível (0,4 µm – 0,72 µm), do infravermelho próximo (0,72 µm – 1,1 µm) e do infravermelho médio (1,1 µm – 3,2 µm).

A linha tracejada no gráfico da Fig. 1.3 representa a curva de irradiância de um corpo negro à temperatura de 5.900°K, que pode ser considerada como a intensidade de fluxo radiante que seria "sentida" ou determinada no topo da atmosfera. A linha cheia com descontinuidades representa a mesma intensidade, mas agora determinada na superfície da Terra. Ao analisar-se então as curvas apresentadas na Fig. 1.3, é possível observar que a intensidade da radiação eletromagnética emitida pelo Sol sofre atenuação pela interferência de diferentes componentes contidos na atmosfera. Essa intensidade do fluxo radiante é denominada *irradiância*

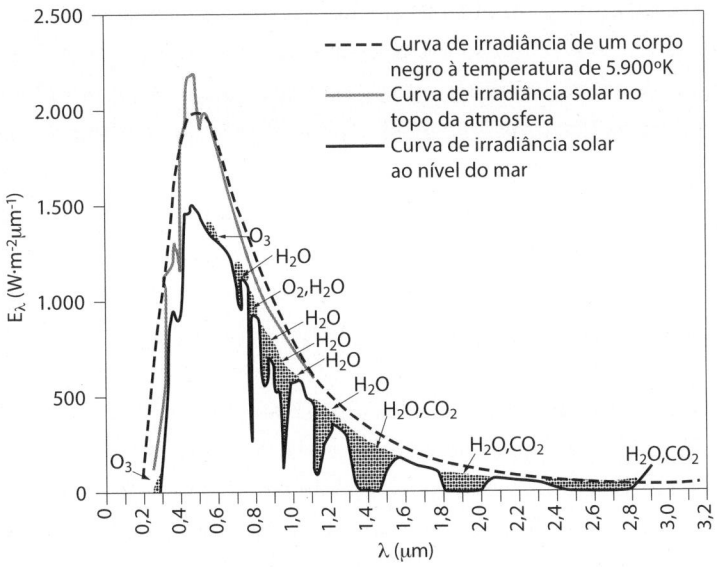

Fig. 1.3 Intensidade do fluxo radiante emitido pelo Sol
Fonte: adaptado de Swain e Davis (1978).

(E) e, como pode ser determinada para cada comprimento de onda ou para regiões espectrais específicas, recebe o símbolo λ, ficando então representada por E_λ.

Percebe-se ainda, no gráfico apresentado na Fig. 1.3, que as maiores intensidades do fluxo radiante ocorrem na região do visível, mesmo para a radiação que atinge a superfície terrestre. Assim, imaginando um ponto localizado na superfície da Terra, geometricamente, a incidência do fluxo radiante sobre esse ponto poderia ser representada conforme ilustra a Fig. 1.4.

Vale lembrar que o fluxo incide de todas as direções sobre o ponto indicado na Fig. 1.4 e que a radiação que atinge esse ponto varia em intensidade de acordo com o comprimento de onda. Conforme mencionado

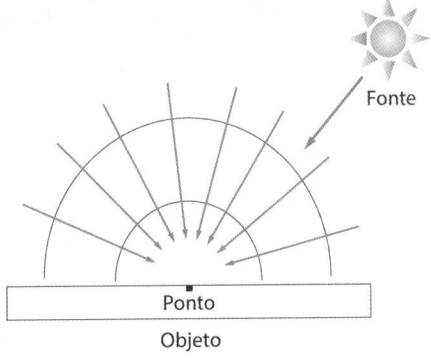

Fig. 1.4 Representação esquemática da geometria da incidência do fluxo radiante sobre um determinado ponto localizado na superfície de um objeto

anteriormente, no momento da incidência, são três as possibilidades de interação entre a radiação eletromagnética e o objeto (reflexão, transmissão e absorção), sendo a intensidade dos processos dependente das características físico-químicas do objeto e do comprimento de onda.

Atendo-se exclusivamente ao fluxo de radiação eletromagnética refletido pelo ponto apresentado na Fig. 1.4, a geometria de reflexão é similar (mas não necessariamente idêntica, como veremos a seguir) à de incidência, porém em sentido exatamente contrário. Existirá, portanto, um fluxo refletido que deixará o ponto em direção ao ambiente com intensidades diferentes para cada comprimento de onda. A existência de uma direção preferencial de reflexão será dependente das características da superfície na qual ocorre a incidência e do ângulo dessa incidência. Essa intensidade é denominada de excitância, representada pelo símbolo M. Analogamente à irradiância E, a excitância também pode ser representada em termos espectrais, o que é feito por M_λ. A Fig. 1.5 ilustra a geometria da reflexão do fluxo radiante refletido por um ponto localizado em uma dada superfície de um objeto.

Diferentemente do que foi apresentado na Fig. 1.4, aqui os vetores que representam as direções do fluxo de radiação eletromagnética refletido por um ponto fictício localizado na superfície do objeto têm dimensões diferenciadas, sugerindo que, em algumas direções, o fluxo refletido é mais intenso. De fato, para a maioria dos objetos existentes na superfície terrestre, a reflexão da radiação eletromagnética não ocorre igualmente em todas as direções ao longo de todo o espectro eletromagnético, para um determinado ângulo de incidência. É preciso lembrar que o fluxo de radiação incidente é composto por radiação em diferentes comprimentos de onda e que as condições geométricas da reflexão variam para cada comprimento de onda. Quando não há uma dominância da reflexão em uma dada direção

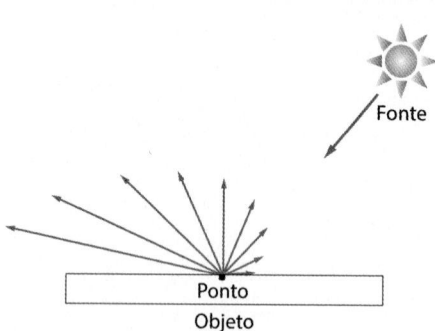

Fig. 1.5 Representação esquemática da geometria da reflexão do fluxo radiante a partir de um determinado ponto localizado na superfície de um objeto

e em uma faixa espectral específica, dizemos que a superfície é isotrópica, ou seja, que ela reflete igualmente a radiação eletromagnética em todas as direções, independentemente da direção da incidência do fluxo radiante. Uma superfície pode ser isotrópica em uma determinada faixa espectral e anisotrópica em outra. Um exemplo de uma superfície relativamente isotrópica na região do visível é uma folha de papel branco, tipo sulfite. Alguém que observe essa folha sobre uma superfície plana e completamente iluminada pelo Sol, a partir de diferentes posições ao seu redor, terá sempre a mesma sensação de brilho em seus olhos, o que caracteriza a isotropia mencionada. Mas esse brilho, quando observado em outras faixas espectrais que não a do visível, pode não ser o mesmo. Tudo dependerá das propriedades espectrais da folha de papel ao longo do espectro eletromagnético. A maioria dos objetos localizados na superfície da Terra não é isotrópica para amplas faixas do espectro eletromagnético.

Ao imaginarmos agora um sensor localizado sobre essa superfície, coletando a radiação eletromagnética refletida por ela, teremos uma situação similar à ilustrada na Fig. 1.6.

Um sensor "observa" então uma determinada porção da superfície e registra a intensidade do fluxo refletido somente dessa porção. Imaginando cada um dos infinitos pontos que compõem a superfície em questão, a intensidade da radiação eletromagnética efetivamente medida de cada ponto seria aquela contida em um cone imaginário formado pela dimensão (diâmetro, normalmente) da óptica do sensor (base do cone) e o ponto localizado na superfície do objeto (vértice do cone). Esse cone é tecnicamente denominado de *ângulo sólido*. A intensidade média do fluxo radiante refletido, originado então de todas as infinitas intensidades provenientes de cada um dos infinitos pontos existentes na superfície, é denominada *radiância* (L). Como pode ser medida para cada comprimento de onda ou para regiões específicas do espectro eletromagnético, também recebe a designação L_λ.

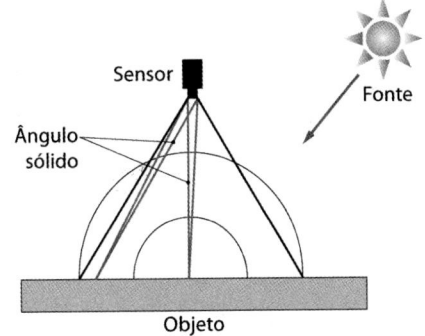

Fig. 1.6 Geometria de coleta de dados a partir de um sensor

Como já foi mencionado, a irradiância (E_λ) é uma medida de intensidade. Essa intensidade é variável, inclusive para um mesmo comprimento de onda e para uma fonte de radiação específica. Isso significa que as curvas do gráfico apresentado na Fig. 1.3, por exemplo, podem sofrer oscilações que caracterizam mudanças em E_λ. Quais as consequências dessas oscilações sobre os valores de L_λ? É fácil concluir que L_λ é diretamente proporcional a E_λ, ou seja, quanto maior for a intensidade em E_λ, maiores serão os valores de L_λ. Isso inviabiliza qualquer caracterização espectral sobre um determinado objeto, uma vez que, nessa caracterização, o que se busca é registrar as quantidades refletidas (ou transmitidas) de radiação eletromagnética em determinadas faixas do espectro eletromagnético por um determinado objeto, segundo suas propriedades físico-químicas, e no caso do uso de L_λ, estaríamos à mercê das características espectrais da fonte ou de algum agente interferente na trajetória da radiação (interferência na intensidade), como a atmosfera. Assim, surge a necessidade de apresentar mais um conceito importante, o qual se refere à *reflectância*.

É importante ter em mente que aqui estamos apenas tratando da interferência na intensidade do fluxo incidente sobre um objeto, desprezando, portanto, as interferências na composição espectral desse fluxo. Para melhor entender sobre o que estamos tratando, basta voltar a observar a Fig. 1.3, que mostra um gráfico no qual é evidente a interferência espectral da atmosfera sobre o fluxo incidente na superfície terrestre.

A reflectância é uma propriedade de um determinado objeto de refletir a radiação eletromagnética sobre ele incidente e é expressa por meio dos chamados *fatores de reflectância* (ρ), que, por sua vez, podem ser expressos em termos espectrais, recebendo também a designação ρ_λ. Nesse momento, é importante nos reportarmos àquilo que já foi mencionado anteriormente, sobre um objeto ser ou não isotrópico. Assim, o fluxo de radiação refletido por um determinado objeto ou superfície não só apresenta características espectrais definidas pelas suas propriedades físico-químicas, como também características geométricas específicas da incidência e da reflexão da radiação, uma vez que a maioria das superfícies dos recursos naturais não é isotrópica. Dizemos, portanto, que os fatores de reflectância podem ser bidirecionais quando existem duas geometrias envolvidas no processo de interação entre a radiação eletromagnética e uma dada superfície de um recurso natural: uma caracterizada pelos ângulos zenital e azimutal da fonte (geometria de incidência) e a outra caracterizada pelos ângulos zenital e azimutal do sensor (geometria de visada).

O cálculo do fator de reflectância bidirecional pode ser realizado mediante a aplicação da Eq. 1.1.

$$\rho_\lambda(\psi_s,\theta_s;\psi_f,\theta_f) = \frac{L_\lambda(\psi_s,\theta_s;\psi_f,\theta_f)}{E_\lambda(\psi_f,\theta_f)} \tag{1.1}$$

ONDE:

$\rho_\lambda(\psi_s,\theta_s;\psi_f,\theta_f)$ é o fator de reflectância bidirecional da geometria de iluminação caracterizada pelo ângulo azimutal ψ_f e pelo ângulo zenital θ_f da fonte de radiação eletromagnética (normalmente o Sol, conforme já foi mencionado), e da geometria de visada caracterizada pelo ângulo azimutal ψ_s e pelo ângulo zenital θ_s do sensor;

$L_\lambda(\psi_s,\theta_s;\psi_f,\theta_f)$ é a radiância bidirecional resultante da geometria de iluminação caracterizada pelo ângulo azimutal ψ_f e pelo ângulo zenital θ_f da fonte de radiação eletromagnética, e da geometria de visada caracterizada pelo ângulo azimutal ψ_s e pelo ângulo zenital θ_s do sensor;

$E_\lambda(\psi_f,\theta_f)$ é a irradiância espectral solar no nível da superfície a ser caracterizada espectralmente, para os ângulos azimutal ψ_f e zenital θ_f da fonte de radiação eletromagnética.

O fator de reflectância bidirecional representa então a quantidade relativa de radiação eletromagnética que é refletida por uma dada superfície ou objeto, para uma dada condição geométrica de iluminação e de visada. Ele serve para avaliar as propriedades de reflexão da radiação por parte de um objeto ou superfície, independentemente das intensidades de radiação incidentes sobre ele. Trata-se, portanto, de um parâmetro fundamental no estudo do comportamento espectral de alvos, tema importante não só a todos aqueles que pretendem compreender os fundamentos das técnicas de sensoriamento remoto, como também àqueles que delas vão se utilizar.

Existe também o fator de reflectância direcional-hemisférica, que é determinado mediante a iluminação direcional (com valores conhecidos dos ângulos ψ e θ da fonte de iluminação) e a coleta da radiação eletromagnética refletida mediante a utilização das chamadas esferas integradoras.

Uma vez recordados esses conceitos, podemos prosseguir em nossas discussões sobre os fatores influentes na reflexão da radiação eletromagnética por parte da vegetação.

Vimos que, a rigor, a reflectância de um objeto é uma propriedade espectral inferida por meio do cálculo de fatores de reflectância que relacionam a intensidade da radiação refletida por um objeto com a intensidade de radiação incidente em uma dada região espectral. A Fig. 1.7 apresenta uma curva do fator de reflectância direcional-hemisférica de uma folha verde sadia. Essa curva descreve, então, o fenômeno de interação da radiação eletromagnética com uma folha verde sadia, no que se refere ao fenômeno de reflexão.

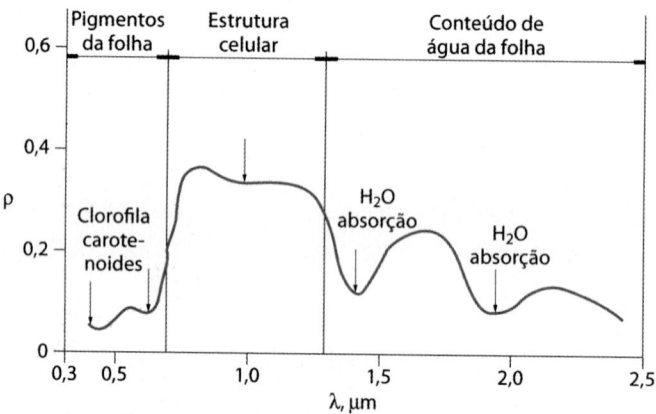

Fig. 1.7 Curva de fator de reflectância direcional-hemisférica típica de uma folha verde
Fonte: Novo (1989).

O intervalo espectral mostrado na Fig. 1.7 foi dividido nas três regiões espectrais já mencionadas, quais sejam, visível (0,4 µm – 0,72 µm), infravermelho próximo (0,72 µm – 1,1 µm) e infravermelho médio (1,1 µm – 3,2 µm). Como já mencionado, em cada uma dessas regiões a forma da curva é definida por diferentes constituintes da folha, que, de forma mais detalhada, poderia ser assim descrita:

a) **região do visível (0,4 µm – 0,72 µm)**: nessa região, os pigmentos existentes nas folhas dominam a reflectância (referimo-nos, vale lembrar, à propriedade do objeto de refletir a radiação incidente, e não à sua estimativa quantitativa, feita mediante o emprego dos fatores de reflectância). São eles, portanto, que definem a forma da curva dos fatores de reflectância nessa região espectral. Esses pigmentos, geralmente encontrados nos cloroplastos, são: clorofila (65%), carotenos (6%) e xantofilas (29%). Os valores percentuais desses pigmentos existentes nas folhas podem variar intensamente de espécie para espécie. A energia radiante interage com a estrutura foliar por absorção e por espalhamento. A energia é absorvida seletivamente pela clorofila e convertida em calor ou fluorescência, e também convertida fotoquimicamente em energia armazenada na forma de componentes orgânicos por meio da fotossíntese. Os pigmentos predominantes absorvem radiação na região do azul (próximo a 0,445 µm), mas somente a clorofila absorve na região do vermelho (0,645 µm). A maioria das plantas são moderadamente transparentes na região do verde (0,540 µm). Shul'gin e Kleshnin (1959) estudaram 80 espécies e verificaram que a absorção da energia radiante na região de 0,550 µm a 0,670 µm aumenta proporcionalmente com o aumento do conteúdo de clorofila. Conclusão similar foi encontrada por Tageeva, Brandt e Derevyanko (1960), que estudaram a correlação entre o conteúdo de clorofila e as propriedades ópticas de três espécies distintas;

b) **região do infravermelho próximo (0,72 µm – 1,1 µm)**: nessa região ocorre absorção pequena da radiação e considerável espalhamento interno da radiação na folha. A absorção da água é geralmente baixa nessa região, e a reflectância é quase constante. Gates et al. (1965) concluíram que a reflectância espectral de folhas nessa região do espectro eletromagnético é o resultado da interação da energia incidente com a estrutura do mesófilo. Fatores externos à folha, como disponibilidade de água, por exemplo, podem causar alterações na relação água-ar no mesófilo, e, assim, alterar quantitativamente a reflectância de uma folha nessa região. De maneira geral, quanto mais lacunosa for a estrutura interna foliar, maior será o espalhamento interno da radiação incidente e, consequentemente, maiores serão também os valores dos fatores de reflectância;

c) **região do infravermelho médio (1,1 μm – 3,2 μm)**: a absorção decorrente da água líquida afeta a reflectância das folhas na região do infravermelho médio. No caso da água líquida, esta apresenta, na região em torno de 2,0 μm, fatores de reflectância geralmente pequenos, menores do que 10% para um ângulo de incidência de 65° e menores do que 5% para um ângulo de incidência de 20°. A água absorve consideravelmente a radiação incidente na região espectral compreendida entre 1,3 μm e 2,0 μm. Em termos mais pontuais, a absorção da água se dá em 1,1 μm; 1,45 μm; 1,95 μm e 2,7 μm. A influência do conteúdo de umidade sobre fatores de reflectância direcional-hemisférica de uma folha de milho é mostrada na Fig. 1.8.

Ao observar-se a Fig. 1.8, especialmente a região (1,1 μm a 2,5 μm) do infravermelho médio, verifica-se que à medida que a folha de milho foi se tornando mais seca, houve aumento dos valores do fator de reflectância direcional-hemisférica, acompanhado de suavização das feições de absorção entre 1,3 μm e 1,5 μm e entre 1,9 μm e 2,0 μm. Com respeito à dinâmica da curva de reflectância para as demais regiões espectrais, na região do visível, como já foi comentado, a forma da curva é explicada pela ação/quantidade de pigmentos fotossintetizantes. Assim, o que explicaria a dinâmica verificada no experimento que resultou no gráfico da Fig. 1.8? É fácil compreender que a saída da água acarreta outros fenômenos químicos e físicos na folha. Quimicamente, espera-se que a diminuição da quantidade de água acarrete degradação de proteínas e de pigmentos fotossintetizantes, o que tornará a folha menos apta a absorver radiação eletromagnética nessa região espectral, e isso, por sua vez, resultará no aumento dos valores do fator de reflectância direcional-hemisférica. Na região do infravermelho próximo, observa-se que, com a saída da água do interior das folhas, os valores desse fator aumentaram. Considerando que nessa faixa espectral a forma da curva é explicada pela estrutura interna das folhas, a saída da água deverá promover alguma alteração nessa estrutura. Essa alteração é dependente de vários fatores, como a densidade das paredes celulares (maior ou menor biomassa), o arranjo das células dentro dos tecidos foliares e também o tempo de manutenção de um determinado teor de umidade. Para o caso do experimento em questão, tudo indica que, com a saída da água, as células foram se tornando mais prismáticas, o que

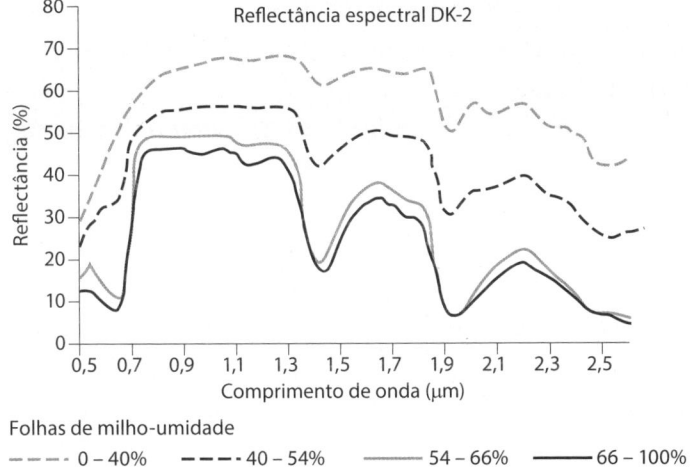

Fig. 1.8 Influência do conteúdo de umidade sobre o fator de reflectância direcional-
-hemisférica de uma folha de milho
Fonte: Kumar (1974).

contribuiu para a formação de faces críticas ao desvio da trajetória da radiação eletromagnética. Além disso, a estrutura interna como um todo pode ter se tornado menos compacta em relação às folhas túrgidas. Resultado diferente poderia ser encontrado com folhas de outras espécies de plantas, cujas estruturas internas fossem diferentes das folhas de milho. Mesmo para outras folhas de milho, os resultados do experimento poderiam ser diferentes se os tempos de manutenção dos teores de umidade durante a realização do experimento fossem outros. Nesse caso, poderia haver um colapso da estrutura interna das folhas, tornando-as mais compactas, o que implicaria a redução dos valores do fator de reflectância direcional-hemisférica.

Pelo que foi apresentado até o momento, é fácil perceber que fatores ambientais ou de caráter patogênico que atuem na composição química ou estrutural das folhas vão acarretar alterações nas suas propriedades espectrais. Segundo Guyot (1995), por exemplo, os ataques de parasitas podem acarretar:

a) a modificação do conteúdo de pigmentos fotossintetizantes, que altera a reflectância na região do visível;
b) a ocorrência de necroses, que afeta direta e progressivamente a reflectância na região do infravermelho próximo;

c) a introdução, no metabolismo foliar, de substâncias que podem ocasionar o aumento ou a diminuição da reflectância em diversas regiões espectrais;
d) a alteração do equilíbrio hídrico foliar, que afeta a reflectância principalmente na região do infravermelho médio.

Na região do visível, as folhas infectadas por fungos exibem reflectância maior do que as folhas sadias, o que provavelmente pode ser explicado pela perda da clorofila. Ela é menor na região do infravermelho (acima de 1,08 µm), o que pode ser atribuído à invasão das hifas nos espaços intercelulares, que tendem a compactar a estrutura interna das folhas.

Sousa, Ponzoni e Ribeiro (1996) avaliaram a influência do tempo e do tipo de armazenamento de folhas de *Eucalyptus grandis* extraídas das plantas-mãe sobre sua reflectância espectral. O objetivo do estudo era identificar quais condições de armazenamento e períodos de tempo acarretariam alterações na reflectância das folhas. As condições de estresse começaram a ser "sentidas" nos valores de reflectância seis horas após a extração das folhas para a região do visível, quando foram armazenadas em sacos plásticos, e somente 23 horas após a extração, quando foram mantidas à temperatura ambiente e no escuro (sem o uso de sacos plásticos). Na região do infravermelho próximo, diferenças significativas foram verificadas três horas após a extração para as folhas mantidas à temperatura ambiente.

Ponzoni e Gonçalves (1997) caracterizaram espectralmente os sintomas de deficiências de nitrogênio, fósforo e potássio em folhas extraídas de *Eucalyptus saligna*. Os autores verificaram diferenças significativas nos valores do fator de reflectância direcional-hemisférica na região do visível, em folhas que apresentavam sintomas de deficiências em potássio.

1.2 Interação da radiação eletromagnética com os dosséis vegetais

Todas as discussões apresentadas até aqui referiram-se ao estudo das propriedades espectrais de folhas isoladas, mas a aplicação das técnicas de sensoriamento remoto no estudo da vegetação inclui a necessidade de compreender o processo de interação entre a radiação eletromagnética e os diversos tipos fisionômicos de dosséis (florestas, culturas agrícolas, formações vegetais de porte herbáceo etc.).

Imaginemos, em um primeiro momento, que um dossel vegetal seja constituído somente por folhas e que essas folhas encontram-se posicionadas horizontalmente em camadas. Esse dossel é observado por um sensor remotamente situado, conforme ilustrado na Fig. 1.9.

Considerando esse dossel hipotético composto então somente por folhas, o esperado é que sua reflectância seja muito parecida com a reflectância das folhas isoladas (individualmente). Há de se ressaltar, no entanto, alguns aspectos importantes relacionados agora com a geometria de aquisição dos dados. Quando apresentamos as propriedades espectrais das folhas isoladas, mencionamos que os valores de reflectância apresentados referiam-se, na realidade, ao fator de reflectância direcional-hemisférica, determinado mediante a utilização de esferas integradoras. Por sua vez, quando tratamos de reflectância de dosséis, estamos nos referindo ao fator de reflectância bidirecional, uma vez que existem duas geometrias bem definidas: uma de iluminação (posição do Sol) e outra de visada (posição do sensor). De qualquer forma, em nosso dossel hipotético, mesmo tratando-se de fatores de reflectância geometricamente diferentes (os das folhas isoladas e os do dossel), é esperado que a forma da curva do fator de reflectância bidirecional do dossel seja muito semelhante à do fator de reflectância direcional-hemisférica das folhas isoladas. Mas quais fatores, implícitos ao dossel, exerceriam influência suficiente para proporcionar diferenças nessas curvas?

Para respondermos a essa pergunta, vamos iniciar um exercício sobre a reflectância bidirecional de um

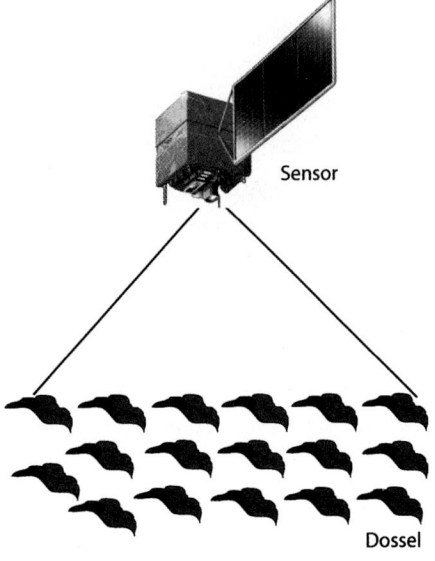

Fig. 1.9 Dossel hipotético constituído somente por folhas horizontalmente posicionadas, observado por um sensor remotamente situado (versão colorida - ver prancha 1)

dossel imaginando que nosso dossel hipotético fosse constituído por uma única camada de folhas horizontalmente posicionadas e distribuídas uniformemente ao longo de toda uma superfície plana. Ao medirmos o fator de reflectância bidirecional desse dossel nas regiões espectrais do visível e do infravermelho próximo, espera-se que os valores desse fator para a região do visível sejam menores do que os valores medidos no infravermelho próximo. Isso ocorrerá porque na região do visível as folhas absorvem radiação eletromagnética pela ação dos pigmentos fotossintetizantes, ao passo que na região do infravermelho próximo essa radiação é espalhada de acordo com as características da estrutura interna dessas folhas.

Imaginando agora que mais uma camada de folhas fosse adicionada à primeira, segundo a mesma distribuição espacial sobre a superfície, o que aconteceria com os valores do fator de reflectância bidirecional desse "novo" dossel nessas duas regiões espectrais em estudo? Para responder a essa pergunta, temos de lembrar que uma folha não é totalmente opaca na região do visível, e muito menos na região do infravermelho próximo. Sendo assim, parte da radiação eletromagnética que conseguiu atravessar a primeira camada de folhas atinge então as folhas existentes na segunda camada. Considerando a radiação eletromagnética da região do visível, temos de imaginar que uma quantidade maior de pigmentos fotossintetizantes foi disponibilizada quando da superposição da segunda camada de folhas, o que acarretará a diminuição da reflectância de todo o conjunto (maior absorção da radiação). Considerando agora a região espectral do infravermelho próximo, aquela porção da radiação eletromagnética que atravessou inteiramente a primeira camada e atingiu a segunda camada de folhas pode ser refletida e transmitida novamente (quase nada nessa região é absorvido pela folha), segundo esquema apresentado na Fig. 1.10.

Pelo esquema apresentado na Fig. 1.10, é possível constatar que, se somente uma camada de folhas fosse considerada nesse nosso experimento, aproximadamente 50% da radiação eletromagnética incidente seriam refletidos e 50% seriam transmitidos através das folhas. Quando uma segunda camada de folhas é sobreposta à primeira, dos 50% da radiação eletromagnética que foram transmitidos, 25% poderiam ser

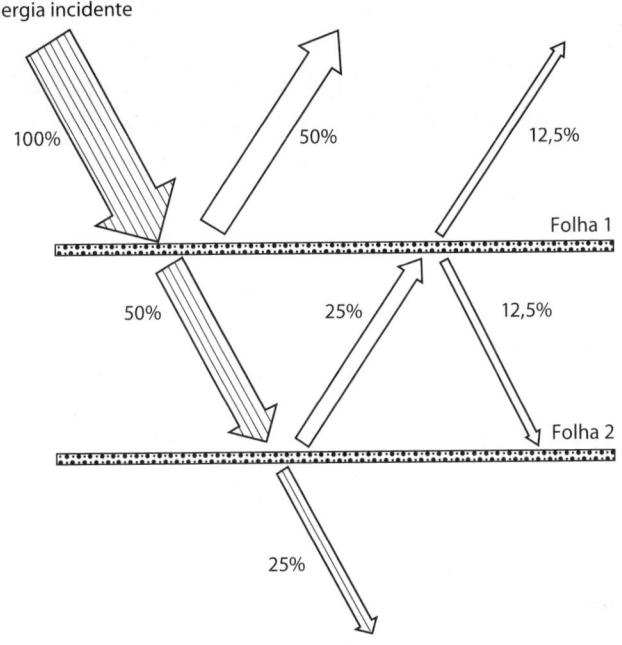

Fig. 1.10 Reflexão múltipla da radiação eletromagnética referente ao infravermelho próximo entre camadas de folhas

refletidos novamente e 25% poderiam ser transmitidos através da folha. Desses 25% de radiação eletromagnética que teriam sido refletidos e que poderiam incidir novamente nas folhas da primeira camada, 12,5% poderiam ser refletidos pelas faces dorsais das folhas da primeira camada e 12,5% poderiam ser transmitidos através da folha, indo somar-se aos já 50% de radiação eletromagnética oriundos da reflexão original já apresentada, o que totalizaria 62,5% do total, que seria contabilizado como energia refletida nesse nosso experimento. Esse fenômeno que descrevemos é denominado de espalhamento múltiplo e seu efeito é análogo ao espalhamento interno da radiação eletromagnética no interior da folha.

Assim, temos duas situações antagônicas: na primeira, na região do visível, a reflectância diminui com o aumento de camadas de folhas, e na segunda, na região do infravermelho próximo, a reflectância aumenta com o aumento do número de camadas. Mas essas dinâmicas não apresentam variações lineares, ou seja, a diminuição da reflectância na região do visível com a adição da segunda camada de folhas não apresentará a mesma dimensão quando uma terceira camada for acrescida, e o mesmo acontecerá com o acréscimo de uma quarta camada, e assim por diante. Na região do infravermelho, analogamente, o aumento da reflectância com a adição de camadas também não será linear e apresentará acréscimos sempre menores à medida que forem acrescidas camadas adicionais de folhas. Esse fenômeno comprova o caráter assintótico da reflectância de dosséis, também conhecido como reflectância infinita. A Fig. 1.11 ilustra a dinâmica mencionada.

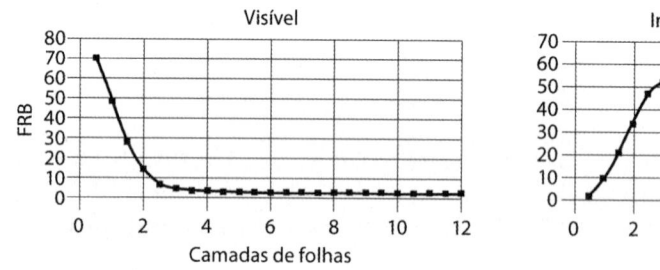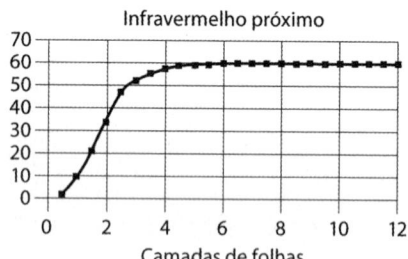

Fig. 1.11 Dinâmica dos fatores de reflectância bidirecional de dosséis simulados em função do aumento do número de camadas de folhas

Na região do infravermelho médio, a dinâmica da reflectância do nosso dossel hipotético seria semelhante àquela verificada para a região do visível. Entretanto, o que explicaria a diminuição da reflectância em função do aumento de número de camadas seria o aumento da oferta de água no conjunto como um todo, análogo à maior oferta de pigmentos fotossintetizantes na região do visível. Porém, quando trabalhamos com dosséis de verdade, não expressamos a quantidade de folhas existentes pelo número de camadas, e sim por um índice que expressa a quantidade em área de folhas por área no terreno (adimensional), o qual é denominado de *índice de área foliar* (IAF), que é determinado pela equação:

$$IAF = \frac{\text{Área de folhas (cm}^2)}{\text{Área no terreno (cm}^2)} \qquad (1.2)$$

Portanto, toda a discussão que apresentamos usando o número de camadas como referência poderia ser feita com o IAF. Assim, quanto maior o IAF de um dossel, espera-se que a sua reflectância seja menor na região do visível e maior no infravermelho próximo. Sabemos então que essa dinâmica não é linear e que o que se espera é que haverá um valor de IAF acima do qual não mais observaremos alteração nos valores de reflectância do dossel, seja para o visível (ele teria assumido seu valor mínimo), seja para o infravermelho próximo (ele teria assumido seu valor máximo). Esses valores de IAF são específicos para cada região espectral em questão e são denominados *pontos de saturação*.

Os pontos de saturação são muito importantes para as aplicações das técnicas de sensoriamento remoto no estudo da vegetação porque representam, de fato, uma das grandes limitações do emprego dessas técnicas. Assumindo simplificadamente que apenas o IAF explicaria a dinâmica da reflectância de um dossel, uma vez atingidos os pontos de saturação no visível e no infravermelho próximo, a vegetação poderia continuar crescendo (surgimento de novas folhas), porém não mais haveria alteração nos valores de reflectância nessas duas regiões espectrais.

Para se ter uma ideia, o ponto de saturação para a região do visível, para a maioria dos dosséis de culturas agrícolas, varia entre 2 e 3, ou seja, a partir do momento em que uma cultura agrícola apresenta o dobro em área de folhas em relação à área no terreno, não mais se verificam alterações na sua reflectância na região do visível. Para a região do infravermelho próximo, o ponto de saturação varia entre 6 e 8, ou seja, para essa região espectral, são maiores as possibilidades de monitoramento do desenvolvimento de uma cultura agrícola, uma vez que é necessária uma maior quantidade de folhas para promover a saturação da reflectância do dossel, em relação à região do visível.

E para uma vegetação de porte florestal? Será que as mesmas considerações seriam pertinentes? Será que somente o IAF explicaria a dinâmica da reflectância de um dossel? Prossigamos então no entendimento de como se dá o processo de interação da radiação eletromagnética com um dossel. Pensemos no fluxo de radiação que incide sobre um dossel. O movimento do fluxo solar incidente dentro do dossel em direção ao solo e o consequente movimento em direção ao sensor não dependem somente das propriedades de espalhamento e de absorção dos elementos da vegetação, mas também de suas densidades e orientações. Um elemento da vegetação (p.ex., uma folha presente no interior do dossel) recebe dois tipos de radiação: aquela que não é interceptada pelos demais elementos e a radiação interceptada e espalhada por esses elementos. Assim, o sensor recebe vários tipos de fluxos:

a) fluxo espalhado somente uma vez por um elemento da vegetação (espalhamento único);
b) fluxo espalhado várias vezes por muitos elementos da vegetação (espalhamento múltiplo) sem ter atingido o solo (no caso do processo de interação entre a radiação eletromagnética e a vegetação, o solo é considerado uma parte integrante do dossel);
c) fluxo refletido pelo solo, que atinge o sensor sem ter sido interceptado por qualquer elemento ou, se interceptado por algum dos elementos da vegetação, é espalhado em direção ao sensor.

A distribuição espacial dos elementos da vegetação, bem como as suas densidades e orientações, define a arquitetura do dossel. A distribuição espacial depende de como foram arranjadas as sementes no plantio (no caso de vegetação cultivada), do tipo de vegetação existente e do estágio de desenvolvimento das plantas. Essa arquitetura é também caracterizada pela orientação angular das folhas, que é descrita por uma função densidade de distribuição $f(\theta l, \psi l)$, onde θl e ψl são a inclinação e o azimute da folha, respectivamente, e denominada de *distribuição angular de folhas* (DAF), que varia consideravelmente entre os tipos de vegetação.

Os dosséis são normalmente descritos por um dos seguintes seis tipos de distribuições: planófila, quando as folhas são posicionadas com ângulos de inclinação (em relação ao horizonte) menores do que 30°; erectófila, quando esse ângulo é frequentemente maior do que 60°; plagiófila, quando o ângulo de inclinação se situa entre 30° e 60°; extremófila, semelhante à situação angular descrita em plagiófila, porém com as folhas inclinadas para baixo; uniforme, com ângulos de inclinação próximos a 45°; e esférica, com diferentes ângulos de inclinação das folhas, sem predominância de qualquer valor. A Tab. 1.1 apresenta essas distribuições, acompanhadas dos valores médios e o segundo momento do ângulo de inclinação foliar $<\theta l>$.

Tab. 1.1 DAFs f(θl) para vários tipos de dosséis

	f(θl)	Média	<θl>	μ (*)	v (*)
Planófila	$2(1+\cos^2 \theta l)/\pi$	26,76	1058,60	2,770	1,172
Erectófila	$2(1-\cos^2 \theta l)/\pi$	63,24	4341,40	1,172	2,770
Plagiófila	$2(1-\cos^4 \theta l)/\pi$	45,00	2289,65	3,326	3,326
Extremófila	$2(1+\cos^4 \theta l)/\pi$	45,00	3110,35	0,433	0,433
Uniforme	$2/\pi$	45,00	2700,00	1,000	1,000
Esférica	sen θl	57,30	3747,63	1,101	1,930

(*) parâmetros da distribuição beta

Fonte: Goel e Strebel (1984).

Goel e Strebel (1984) mostraram que todas essas distribuições ideais, assim como muitas distribuições determinadas especificamente, são casos especiais de uma distribuição dita "universal", determinada pela distribuição beta. Essa distribuição é dada pela equação:

$$f(\theta l) = [1/(360)(90)][\Gamma(\mu+v)/\Gamma(\mu)\Gamma(v)][1-\theta l/90]^{\mu-1}[\theta l/90]^{v-1} \quad (1.3)$$

ONDE:

Γ é a função gama e os dois parâmetros μ e v são relacionados ao *ângulo de inclinação foliar médio* (AIFM) e seu segundo momento <θl>, ambos dados por:

$$\text{AIFM} = (90)v/(\mu+v) \quad (1.4)$$

$$<\theta l> = (90)v(v+1)/(\mu+v)(\mu+v+1) \quad (1.5)$$

Os valores de μ e v correspondem aos seis tipos de distribuições apresentados na Tab. 1.1.

O efeito da DAF sobre a *função de distribuição da reflectância bidirecional* (FDRB) foi apresentado por Norman, Welles e Walter (1985) por meio de um exemplo muito simples de duas folhas planas dispostas num plano principal (Fig. 1.12).

Na Fig. 1.12, a folha 2, que está posicionada perpendicularmente à iluminação solar, é dita "bem iluminada", enquanto a folha 1, que se encontra posicionada quase que paralelamente aos raios luminosos, é dita "mal iluminada". O observador A, que tem o Sol às suas costas, verá o brilho da cena sendo influenciado pelas reflectâncias da parte dorsal da folha 1 e da parte ventral da folha 2. O observador B verá melhor a folha "mal iluminada" (folha 1). Para ele, a cena parecerá mais escura do que a vista pelo observador A. O brilho da cena, nesse caso, é determinado pela transmitância da folha 1 e a reflectância da folha 2. A reflectância especular de ambas as folhas não é observada em nenhuma das posições assumidas pelos observadores A e B.

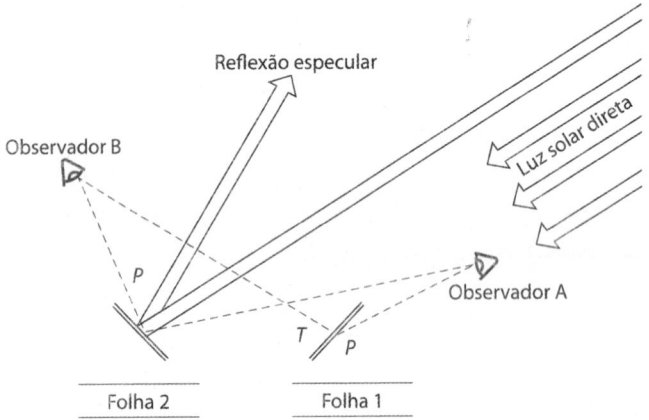

Fig. 1.12 A geometria do dossel e sua influência sobre o fator de reflectância bidirecional
Fonte: Norman, Welles e Walter (1985).

Quando a fonte de iluminação é posicionada exatamente atrás do observador (ou sensor), será observada a maior proporção de componentes da vegetação iluminados diretamente. Sombras dentro da vegetação ou sobre a superfície do solo serão escondidas pela folhagem (ou pelas partículas do solo) que é iluminada. Por conseguinte, a reflectância da vegetação tenderá a ser mais alta nessa situação. Esse pico na reflectância, quando a fonte luminosa se encontra atrás do observador, é denominado *hot spot* (Suits, 1972). O dossel é composto por muitas folhas com uma ampla gama de inclinações e ângulos azimutais. Por isso, em geral, a magnitude do *hot spot* depende da DAF. Uma vez que o sombreamento de uma folha causado por outra é dependente do tamanho da folha, o efeito *hot spot* também é dependente desse tamanho (Goel, 1988).

Existe outro efeito da DAF sobre a reflectância da vegetação. A DAF influi na probabilidade de ocorrência de clareiras através do dossel como uma função dos ângulos zenitais solar e de visada, que determinam se os fluxos de incidência e de excitância serão ou não interceptados pela vegetação. Por essa afirmação, conclui-se que o fator de reflectância bidirecional é fortemente dependente da DAF, sendo possível, inclusive, sua utilização para inferir sobre esta, mediante a modelagem dessa relação. Kimes (1984) apresentou uma excelente discussão sobre a relação entre a DAF e o fator de reflectância bidirecional. Dosséis compostos por folhas dispostas mais horizontalmente apresentam uma menor variabilidade na reflectância em função dos ângulos zenitais solar e de visada, e os maiores valores de reflectância para todas as distribuições. Para dosséis compostos por folhas dispostas mais verticalmente, a reflectância decresce com o aumento do ângulo zenital solar na região do visível, enquanto aumenta na região do infravermelho próximo, uma vez que o sensor passa a "ver" mais o espalhamento causado pelos elementos do dossel localizados nas camadas superiores, e "vê" menos os componentes das camadas inferiores que espalham menos a radiação eletromagnética incidente.

Assim, fica evidente que não só o IAF exerce influência sobre a reflectância de um dossel, mas também a orientação espacial dos elementos que o compõem. Vejamos, por exemplo, o caso de culturas agrícolas que são plantadas segundo orientação específica no solo. Jackson et al. (1979) estudaram o efeito da configuração de plantas de trigo, da elevação solar e do ângulo azimutal na reflectância espectral de dosséis e constataram que, na região do visível, as alterações na reflectância foram explicadas pela maior absorção da radiação eletromagnética por parte dos pigmentos fotossintetizantes. Em dosséis menos densos ou mais abertos, as plantas absorvem muita radiação eletromagnética nessa região espectral e sombreiam diferentes porções do solo e de outras partes de plantas vizinhas, dependendo da elevação solar, da direção de fileiras e da altura das plantas. Os autores consideraram que, para uma orientação norte-sul de fileiras, o solo é sombreado intensamente nas primeiras horas da manhã, mas próximo ao horário das 12h ele se torna quase que inteiramente iluminado. Por conseguinte, a reflectância aumenta na região do visível com a elevação solar. Para uma orientação leste-oeste de fileiras, a fração iluminada do solo é menos alterada com a elevação solar (em relação à orientação norte-sul), dependendo do espaçamento entre as fileiras e da altura das plantas. Para a região do infravermelho próximo, em condições de baixa elevação solar, quando um determinado dossel não é disposto em fileiras e a iluminação se dá mais oblíqua em relação à camada superior do dossel, a radiação eletromagnética entra no dossel de forma que uma maior quantidade de folhas passa a ser iluminada, acarretando o aumento da reflectância nessa região espectral. Quando o sol se posiciona mais próximo ao zênite (máxima elevação), o número de folhas diretamente atingidas pela radiação eletromagnética diminui e, consequentemente, a reflectância do dossel tende também a diminuir.

No caso de culturas agrícolas ou de vegetação cuja parte aérea é constituída principalmente por folhas, a orientação das fileiras exerce menor influência na região do infravermelho do que na região do visível, em razão do menor efeito das sombras, uma vez que as folhas são praticamente transparentes nessa região espectral. Quando o objeto de estudo é composto por fisionomias florestais ou mesmo por vegetação de porte arbustivo, mas cuja parte aérea das plantas é dominada por folhas, galhos e troncos, mesmo na região do infravermelho próximo as sombras também exercem influência, criando desigualdades na iluminação em diferentes camadas do dossel.

Com relação à geometria de visada, ela tem sido estudada principalmente no que se refere às variações do ângulo zenital de visada (θ_v). Resultados experimentais têm indicado que o aumento de θ_v acarreta também aumento na reflectância da vegetação, tanto na região do visível como na do infravermelho próximo. Atualmente existem sensores orbitais que coletam dados em diferentes ângulos de visada (ou de observação) e que vêm permitindo o aprimoramento do conhecimento da influência multiangular sobre a reflectância de dosséis.

Nessa discussão que fizemos, percebe-se que a densidade da vegetação e sua orientação espacial exercem influência fundamental na dinâmica da reflectância de um dossel, em função da variação nas geometrias de iluminação e de visada. Nesse processo, as propriedades espectrais dos solos tornam-se fortemente influentes na reflectância de um dossel, se este for pouco denso ou aberto. Vejamos, por exemplo, o trabalho de

Ranson, Daughtry e Biehl (1986), que avaliou o efeito dos ângulos solar e de visada e da camada inferior (nível do solo) de dosséis de *Abies balsamea* sobre sua reflectância espectral. Os autores consideraram três densidades de dosséis, sendo um muito denso, o outro medianamente denso e o outro pouco denso, e três diferentes tipos de revestimentos para suas camadas inferiores, sendo uma constituída por grama, a outra por placas de material de tonalidade clara e a outra do mesmo material, mas de tonalidade escura. Os resultados encontrados levaram à conclusão sobre a complexidade de interpretar as causas da reflectância espectral de cenas tão heterogêneas. Dosséis mais homogêneos, com grande quantidade de folhas verdes, foram altamente refletivos na região do infravermelho próximo, mas refletiram muito pouco na região do vermelho. Para dosséis menos densos, o efeito da camada inferior do dossel e das sombras teve de ser considerado na análise dos resultados.

Ranson et al. (1981) estudaram a reflectância espectral de dosséis densos e abertos de soja. Os autores verificaram que, quando o sensor "observa" o dossel no mesmo plano de iluminação (essa condição ocorre quando o azimute relativo entre a fonte de radiação eletromagnética e o sensor é igual a zero), a reflectância do dossel aumenta na direção de retroespalhamento e diminui na direção oposta em ambas as regiões espectrais (visível e infravermelho próximo). Também constataram que, com o aumento do ângulo zenital de visada (θ_v), a reflectância do dossel diminui quando a iluminação se dá em um plano perpendicular ao plano de visada. Na direção do retroespalhamento (*hot spot*), a proporção de sombras é reduzida e o sensor "vê" principalmente as folhas e os ramos diretamente iluminados, além da camada inferior do dossel.

Um outro efeito da arquitetura do dossel sobre sua reflectância ocorre quando os elementos da vegetação não se encontram uniformemente distribuídos. Supondo que, ao invés de estarem uniformemente distribuídas no dossel, as folhas estivessem agrupadas, esse agrupamento apresentaria dois efeitos principais: ele aumentaria a probabilidade de ocorrência de lacunas através de toda a extensão do dossel, o que, por sua vez, aumentaria a influência do espalhamento dos elementos desse mesmo dossel localizados nas camadas mais próximas ao solo. Este último, por sua vez, assim como os elementos da vegetação, também absorve e espalha (reflete) a radiação eletromagnética incidente sobre ele. Parte da radiação refletida é especular e parte é difusa. No caso de dosséis esparsos, a reflectância do solo atinge uma maior importância, especialmente no caso de visadas verticais e na direção do retroespalhamento. Em geral, o efeito do espalhamento múltiplo nas camadas mais próximas ao solo acarreta mais absorção, diminuindo a reflectância do dossel. Contudo, se o solo for muito arenoso e claro (região do visível), esse efeito pode ser inverso.

Rao, Brach e Marck (1979) realizaram um trabalho envolvendo a reflectância bidirecional de dosséis de cereais, de grama e de milho. Os autores concluíram que a radiância da cena foi representativa das influências das plantas e do solo. Nesse contexto, o IAF e o tipo de solo assumem uma importância significativa na reflectância de um dossel. Para se conhecer a contribuição do solo, as observações devem ser feitas repetidas vezes, e deve-se conhecer a porcentagem de cobertura do solo ou o IAF e a geometria de visada. A sombra foi considerada como um elemento que introduziu discrepâncias nos resultados, normalmente acarretando diminuição na radiância refletida. De maneira geral, quanto mais exposto for o solo, maiores serão os valores de reflectância medidos na região do visível.

Como pôde ser observado, enfatizamos nossas discussões nas regiões do visível e no infravermelho próximo, uma vez que essas regiões espectrais têm sido as mais exploradas em trabalhos que utilizam as técnicas de sensoriamento remoto no estudo da vegetação. Contudo, para a região do infravermelho médio, as análises são similares àquelas apresentadas para a região do visível, levando em consideração que o fator fundamental nessa região espectral é a água disponível no interior das folhas.

É importante destacar ainda que, quando analisamos os fatores que interferem na reflectância de folhas e de dosséis, nada mencionamos a respeito dos equipamentos que são utilizados nessas medições, nem a respeito da interferência da atmosfera sobre os resultados dessas medições, que, dependendo do nível de aquisição de dados, pode exercer grande influência. Assim, seria interessante apresentar a concepção sugerida por Goel (1988), que definiu um sistema pertinente ao sensoriamento remoto da vegetação a partir de dados de reflectância espectral de dosséis, o qual seria constituído pelos seguintes subsistemas:

a] **fonte de radiação**, que normalmente se trata do Sol e é definida por uma série de propriedades/parâmetros representados pelo conjunto $\{a_i\}$, que inclui a irradiância espectral E_λ e a localização espacial (θ_s = ângulo zenital solar e φ_s = ângulo azimutal solar);

b] **atmosfera**, que é caracterizada por uma série de propriedades/parâmetros representados por $\{b_i\}$, incluindo as concentrações espacialmente dependentes e as propriedades seletivas de absorção e de espalhamento dos diversos comprimentos de onda por parte de aerossóis, vapor d'água e ozônio;

c] **dossel**, que é caracterizado por uma série de propriedades/parâmetros representados por $\{c_i\}$, incluindo os parâmetros ópticos (reflectância e transmitância) e estruturais (formas geométricas e posicionamento) dos componentes da vegetação (folhas, galhos, frutos, flores etc.), a geometria de plantio e parâmetros ambientais como temperatura, umidade relativa, velocidade do vento e precipitação. Em geral, esses parâmetros apresentam dependências espectrais, espaciais e temporais;

d] **solo**, que é caracterizado por uma série de propriedades/parâmetros representados por $\{d_i\}$, tais como reflectância e absortância, rugosidade superficial, textura e umidade;

e] **detector**, que é caracterizado por uma série de propriedades/parâmetros representados por $\{e_i\}$, os quais definem sua sensibilidade espectral, abertura, calibração e posicionamento espacial (θ_v = ângulo zenital de visada e φ_v = ângulo azimutal de visada).

Quando a radiação solar incide no topo da atmosfera, parte dessa radiação é espalhada e/ou refletida pelas partículas atmosféricas; outra parte atravessa a atmosfera e é espalhada/refletida pelo dossel ou pelo solo. A radiação espalhada/refletida é então detectada por um sensor (detector), que pode estar posicionado a poucos metros acima do dossel ou acoplado em plataformas aéreas (aviões) e orbitais (satélites). Assim, pode-se definir a série $\{R_i\}$ de atributos da radiação recebida pelo sensor como uma função daqueles subsistemas:

$$R_i = f(a_i, b_i, c_i, d_i, e_i) \qquad (1.6)$$

Goel (1988) considerou que existem dois aspectos relevantes a serem considerados no estudo da relação entre a radiação detectada e os parâmetros desse sistema. O primeiro envolve a definição de uma função ou algoritmo (f) que define {R_i}, conforme sejam as características do sistema (a_i, b_i, c_i, d_i, e_i). Esse aspecto é definido pelo autor como *problema direto*. O segundo envolve a definição de uma função, relação ou algoritmo (g) que gera a série {c_i} de propriedades/parâmetros da vegetação a partir dos valores medidos {R_i}. Simbolicamente, tem-se que:

$$\{c_i\} = g(R_i, a_i, b_i, d_i, e_i) \tag{1.7}$$

Esse último modelo foi definido pelo autor como o *problema inverso*, ou o problema de estimar os parâmetros do dossel a partir de dados de reflectância. Nota-se que c_i foi retirado da equação. Usualmente, a solução do *problema direto* é um pré-requisito para a solução do *problema inverso*, porém o autor considerou que, uma vez que o número de medidas de reflectância é menor do que o número de parâmetros utilizados em sua determinação, o *problema inverso* é muito mais difícil de ser solucionado.

Das considerações até aqui apresentadas, conclui-se que a "aparência" da cobertura vegetal em um determinado produto de sensoriamento remoto é fruto de um processo complexo que envolve muitos parâmetros e fatores ambientais. O que é medido efetivamente por um sensor remotamente situado, oriundo de um dossel vegetal, não pode ser explicado somente pelas características intrínsecas desse dossel, mas inclui a interferência de vários outros parâmetros e fatores.

O fluxo radiante solar incidente sobre um dossel é constituído por duas partes: uma fração da radiação que não é absorvida ou espalhada pela atmosfera, por isso denominada *fluxo direto*, e outra fração que é espalhada pela atmosfera na direção descendente, incidindo sobre o dossel de forma difusa, por isso denominada *fluxo difuso*. Essa última fração depende das condições atmosféricas (sobretudo vapor d'água) e varia com o comprimento de onda, sendo maior na região do visível (0,40 μm a 0,72 μm) do que nas regiões do infravermelho próximo (0,72 μm a 1,10 μm) e do infravermelho médio (1,10 μm a 3,20 mm). A direção do fluxo direto é caracterizada pelos ângulos zenital (θ_s) e azimutal (φ_s)

solares, enquanto que a direção do fluxo difuso é caracterizada pela sua distribuição angular.

Há de se considerar ainda que um dossel é constituído por muitos elementos da própria vegetação, como folhas, galhos, frutos, flores etc. Um fluxo de radiação incidente sobre qualquer um desses elementos estará sujeito a dois processos: espalhamento e absorção. O processo de espalhamento, por sua vez, pode ser dividido em dois subprocessos: reflexão e transmissão através do elemento. O destino do fluxo radiante incidente sobre um desses elementos é, então, dependente das características do fluxo (comprimentos de onda, ângulo de incidência e polarização) e das características físico-químicas desses mesmos elementos. Considerando a folha como um desses elementos, Tucker e Garrat (1977) propuseram um modelo para quantificar essas dependências. Segundo esse modelo, a reflexão da radiação eletromagnética por parte de uma folha é constituída por duas partes: a reflexão especular, na qual o ângulo de incidência é igual ao ângulo de reflexão, e a reflexão difusa. As quantidades relativas dos fluxos diretos e difusos dependem das características do elemento da vegetação e do fluxo da radiação incidente.

1.3 Folhas isoladas x dosséis

Quando foram apresentados os parâmetros influentes sobre a reflectância espectral de folhas, verificou-se que eles se referem às suas composições químicas, morfológicas, fisiológicas e umidade interna, e que cada um deles exerce influência predominante em pelo menos três regiões espectrais do espectro óptico (visível, infravermelho próximo e infravermelho médio). Para o caso dos dosséis, verificou-se que existem ainda outros fatores e/ou parâmetros, sendo eles de natureza geométrica (iluminação e visada), espectral (propriedades espectrais dos elementos da vegetação – principalmente das folhas – e do solo) e biofísica (IAF e DAF).

Como já mencionado anteriormente, a reflectância das folhas isoladas é estimada por meio do fator de reflectância direcional-hemisférica, que, por sua vez, é determinado por meio do uso de esferas integradoras. No caso da reflectância espectral de dosséis, ela é estimada pelo fator de reflectância bidirecional, implicando o uso de sensores colocados em suportes ou plataformas posicionados alguns metros acima dos dosséis, ou em aeronaves ou satélites. Apesar desse rigor conceitual, quando tratamos de dados aerotransportados ou orbitais, comumente utilizamos os termos "imagens reflectância aparente" ou "imagens reflectância de superfície" para identificar aquelas imagens que contêm os fatores de reflectância bidirecional (aparente ou de superfície). Isso se verifica não só nos termos cotidianos adotados pelos profissionais envolvidos com as técnicas de sensoriamento remoto, mas também em catálogos de distribuição de imagens de diferentes sensores ao redor do mundo. Um exemplo disso são os produtos gerados pelo sensor Moderate Resolution Imaging Spectroradiometer, colocado a bordo dos satélites Terra (EOS AM) e Aqua (EOS PM), dentre eles o MOD 09, referente aos valores de reflectância de superfície. Na realidade, trata-se de valores de fatores de reflectância bidirecional de superfície.

Retornando então à comparação entre as propriedades espectrais de uma folha isolada e de um dossel do qual ela faz parte, as formas das curvas de fatores de reflectância são bastante semelhantes, considerando uma mesma faixa espectral. De maneira geral, considerando a região do visível, os fatores de reflectância direcional-hemisférica de uma folha isolada são mais elevados do que aqueles fatores de reflectância bidirecional referentes ao dossel do qual essa folha faz parte. Assim, por exemplo, se forem extraídas folhas das árvores de um plantio de *Eucalyptus* spp. e forem determinados os fatores de reflectância direcional-hemisférica dessas folhas e comparados com os fatores de reflectância bidirecional do plantio, é esperado que os valores provenientes das folhas sejam ligeiramente superiores àqueles oriundos do plantio. Para a região do infravermelho próximo, esse efeito é frequentemente o inverso, em razão do espalhamento múltiplo da radiação eletromagnética entre as camadas de folhas dispostas ao longo dos níveis verticais de um dossel. Porém, por causa do sombreamento mútuo entre as folhas, nas duas regiões espectrais a reflectância de folhas isoladas é maior do que a reflectância do dossel do qual fazem parte.

Silva e Ponzoni (1995) realizaram uma comparação entre o fator de reflectância direcional-hemisférica de folhas de seis diferentes espécies e o fator de reflectância bidirecional de um dossel arbóreo da Reserva Florestal Prof. Augusto Ruschi, localizada no município de São José dos Campos, no Estado de São Paulo, considerando as regiões espectrais do visível e do infravermelho próximo. Os autores concluíram que os valores do fator de reflectância direcional-hemisférica das folhas foram superiores aos do fator de reflectância bidirecional do dossel estudado. As diferenças relativas entre ambos os parâmetros foram de aproximadamente 7% na região do visível e 12% na região do infravermelho próximo, dependendo da espécie considerada.

1.4 Modelos de reflectância da vegetação

Toda essa fundamentação teórica sobre a interação da radiação eletromagnética com a vegetação vem constantemente sofrendo aprimoramentos e novos conceitos vêm sendo agregados. Como resultado desse esforço e com as crescentes facilidades no campo da computação, desde o final da década de 1970 têm sido propostos modelos matemáticos que descrevem esse processo de interação, sendo denominados de *modelos de reflectância* da vegetação.

Os modelos de reflectância da vegetação procuram estabelecer uma conexão lógica entre os parâmetros biofísicos da vegetação e as suas propriedades espectrais. Podemos considerar que a origem comum desses modelos é a modelagem da trajetória da radiação eletromagnética no interior de uma folha proposta por Kubelka e Munk (1939), fundamentada na teoria da transferência radiativa.

Fundamentalmente, esses modelos são alimentados por parâmetros biofísicos, geométricos e espectrais dos elementos que compõem o dossel vegetal (parâmetros de *input*) e, como resultado de seus processamentos, comumente são estimados valores de radiância bidirecional ou de fatores de reflectância bidirecional. Esse tipo de enfoque caracteriza o *problema direto* idealizado por Goel (1988). A solução do problema inverso constitui o grande objetivo ou interesse de diferentes profissionais, pois é através dela que dados radiométricos como os fatores de reflectância bidirecional permitem, via modelo de reflectância, inferir sobre as características biofísicas da vegetação.

Um engenheiro agrônomo, por exemplo, que tivesse como objetivo avaliar a produtividade de um plantio de soja mediante estimativas de IAF, teria seu trabalho imensamente facilitado se, através de fatores de reflectância bidirecional extraídos de imagens orbitais e submetidos ao processamento de um modelo de reflectância da vegetação invertido, esses valores de IAF pudessem ser estimados, evitando trabalhos exaustivos e custosos em campo.

Goel (1988) considera três principais categorias para esses modelos:

a] *Modelos geométricos*: nesta categoria, o dossel vegetal é considerado como sendo constituído por uma superfície com propriedades reflectivas conhecidas, com objetos geométricos com formas (cilindros, cones, esferas, elipsoides etc.), dimensões e propriedades ópticas (reflectância, transmitância e absortância) preestabelecidas. A interceptação da radiação eletromagnética, o sombreamento desses objetos constituintes e a reflectância do substrato são analisados na determinação da reflectância de todo o dossel. Esses modelos representam bem dosséis esparsos (arbustos, plantios em estádios iniciais de desenvolvimento etc.) nos quais o espalhamento múltiplo é desprezível e em condições de baixo ângulo zenital solar, quando o sombreamento mútuo dos objetos pode ser igualmente desprezível;

b] *Modelos de meio túrbido*: nestes modelos, os elementos da vegetação são tratados como pequenas partículas que absorvem e espalham a radiação incidente e se distribuem aleatoriamente nas camadas horizontais do dossel com orientações espaciais específicas (DAF). O dossel é, então, tratado como um meio horizontalmente uniforme no qual a trajetória da radiação eletromagnética incidente depende somente da sua espessura, e não da sua extensão horizontal. A arquitetura do dossel é caracterizada pelo IAF e pela DAF, sendo desprezadas as dimensões das folhas, suas distâncias relativas etc. Esses modelos alcançam bom desempenho para dosséis densos e uniformes nos quais os elementos da vegetação (folhas, flores, galhos, troncos, colmos etc.) são bem menores do que a espessura vertical do dossel;

c] *Modelos híbridos*: nestes modelos, o arranjo e a orientação dos elementos da vegetação são simulados em um computador e cada um desses elementos é dividido em um número finito de áreas. Através de sorteio de números aleatórios é determinado se um dado feixe de radiação eletromagnética atinge ou não cada uma dessas áreas. Caso atinja, a direção da radiação espalhada é estimada por meio de um novo sorteio. Assim, a interceptação e o espalhamento da radiação são numericamente estimados quase que fóton a fóton. Esses modelos empregam muito tempo de computação, mas apresentam a vantagem de permitir uma simulação mais realista do regime de radiação no interior do dossel.

Dentre os modelos mais citados e estudados, destacam-se o modelo Suits, que foi proposto por Suits (1972); o modelo Scattering by Arbitrarely Inclined Leaves (Sail), proposto por Verhoef e Bunnik (1981); e, mais atualmente, o modelo 5-Scale, proposto por Leblanc e Chen (2000).

O modelo Suits idealiza o dossel como uma mistura de painéis refletores e transmissores lambertianos (isotrópicos) tanto no sentido vertical como no horizontal. Esses painéis, que, em realidade, representam os próprios elementos da vegetação, são substituídos por suas projeções vertical e horizontal. Essa simplificação é originada da teoria proposta por Kubelka e Munk (1939), e pode ser extrapolada para diferentes camadas do dossel.

No modelo Sail, as concepções propostas por Suits (1972) foram aprimoradas de forma a permitir a inclusão da DAF como parâmetro de entrada do modelo. Isso deu maior flexibilidade à modelagem e abriu maiores oportunidades para simulações mais realísticas, sendo possíveis várias aplicações, algumas das quais descritas na literatura. Valeriano (1992) analisou as variações de fatores de reflectância bidirecional de trigo (*Triticum aestivum*, L.) em função de suas propriedades biofísicas, baseando-se em dados experimentais e em resultados de simulações do modelo Sail. O autor constatou que os resultados apresentados pelo modelo mostraram comportamento semelhante aos dados observados em campo.

Antunes (1993) avaliou os desempenhos dos modelos Sail e Suits na estimativa de fatores de reflectância bidirecional de dosséis de soja (*Glycine max*, L.) e concluiu que ambos os modelos apresentaram tendências semelhantes, porém o desempenho do modelo Sail foi superior ao do modelo Suits.

Major, Beasley e Hamilton (1991) inverteram o modelo Sail usando dados experimentais de dosséis de milho e descobriram que as diferenças sazonais ocorridas na DAF, nos fatores de reflectância bidirecional e na transmitância das folhas exerceram efeitos significativos nos resultados da inversão.

O modelo 5-Scale é um aprimoramento de outro modelo denominado 4-Scale, proposto por Chen e Leblanc (1997), que foi primeiramente concebido para simular fatores de reflectância bidirecional de florestas boreais. O termo Scale, aqui, refere-se ao fato de que a interação da radiação eletromagnética com o dossel pode ser analisada em diferentes escalas: grupos de árvores, copas das árvores, galhos das árvores e ramos das árvores.

O modelo 5-Scale permite, então, "montar" um dossel florestal, descrevendo suas principais características biofísicas. Na escala "grupos de árvores", leva-se em conta a distribuição de Neyman, que foi desenvolvida para descrever a distribuição de contágio por larvas. Essa distribuição, aplicada à distribuição espacial de árvores, assume que elas se "organizam" em grupos e que esses grupos seguem uma distribuição de Poisson. Na escala de "copas das árvores", elas podem ser definidas como cilíndricas, com um cone na porção superior ou, ainda, esferoidal. Nas escalas "galhos das árvores" e "ramos das árvores", devem ser definidos os ângulos de inserção destes nas árvores.

As propriedades espectrais das folhas podem ser simuladas no mesmo ambiente de processamento do modelo através de outro modelo, agora específico para simulação de fatores de reflectância hemisférica de folhas isoladas, o Liberty. O modelo 5-Scale utiliza o resultado do processamento do Liberty como dado de *input*.

A aparência da vegetação em imagens multiespectrais   2

Vamos agora convergir para o emprego de imagens orbitais no estudo da vegetação, valendo-nos dos conhecimentos que adquirimos nas discussões anteriores.

Sabemos que os números digitais existentes nas imagens orbitais são proporcionais aos valores de radiância medidos por cada um dos detectores em cada faixa ou banda espectral na qual o sensor atua ("faixa" e "banda" são termos que se referem a uma determinada região espectral; contudo, entre os profissionais mais familiarizados com as técnicas de sensoriamento remoto, eles são empregados como sinônimos de "imagem de uma determinada faixa ou banda espectral"). Sabemos também que a reflectância de um objeto expressa uma quantidade relativa de radiação eletromagnética que é refletida por esse objeto. Assim, um objeto que apresenta valores elevados de reflectância em uma determinada faixa espectral deverá apresentar níveis de cinza igualmente elevados em uma imagem adquirida por um sensor eletro-óptico colocado a bordo de um avião ou satélite na banda espectral correspondente. Portanto, espera-se que os valores de radiância medidos nessa banda sejam elevados e que, uma vez discretizados em uma escala de níveis de cinza, seja esta de 8 *bits* (256 níveis de cinza) ou de 16 *bits* (65.536 níveis de cinza), produzam um padrão "claro" desse objeto na imagem da banda.

Usando o mesmo raciocínio para a vegetação, na região do visível um dossel apresenta valores de reflectância relativamente baixos, por causa da ação dos pigmentos fotossintetizantes que absorvem a radiação eletromagnética incidente para a realização da fotossíntese. Na região do infravermelho próximo, esses valores mostram-se elevados, por causa do espalhamento interno sofrido pela radiação em função da disposição da estrutura morfológica da folha, aliado, ainda, ao espalhamento múltiplo entre as diferentes camadas de folhas. Finalmente, no infravermelho médio, tem-se uma nova queda desses valores, em razão da presença de água no interior da folha. De fato, como já vimos anteriormente, esses fatores não atuam isoladamente. Em cada uma das regiões espectrais, todos os fatores exercem sua influência concomitantemente. Assim, por exemplo, os níveis baixos de reflectância na região do visível, esperados para uma cobertura vegetal, não se devem exclusivamente à absorção dos pigmentos existentes nas folhas, mas também às sombras que se projetam entre as folhas, as quais são dependentes da geometria de iluminação, da DAF e da rugosidade do dossel em sua camada superior (topo do dossel). De qualquer forma, esperamos que a vegetação se apresente escura em uma imagem referente à região do visível, clara em uma imagem referente à região do infravermelho próximo e novamente escura em uma imagem referente à região do infravermelho médio.

A tendência natural de qualquer pessoa que compreendeu corretamente todos os conceitos até aqui discutidos é comparar os valores esperados de brilho presentes nas imagens e nas diferentes bandas ou faixas espectrais. Dessa forma, ela poderia tentar concluir algo sobre os níveis de reflexão da radiação eletromagnética apresentados pela vegetação nessas bandas. Essa tendência é natural, mas expressaria certo grau de desconhecimento dessa pessoa no que tange ao funcionamento de um sensor eletro-óptico.

Uma vez que nosso objetivo não é descrever detalhadamente o funcionamento de um sensor eletro-óptico, vamos somente alertar o leitor para aquilo que julgamos mais relevante para uma perfeita compreensão do problema que salientamos.

Quando um sensor é fabricado, cada detector que será responsável pelo registro das intensidades radiantes em cada faixa espectral (radiância) tem sua própria sensibilidade a determinadas amplitudes de radiância. Por exemplo, nós podemos imaginar dois detectores atuando em um sensor, sendo um responsável por medições em uma banda do visível e outro em uma banda do infravermelho próximo. Caso as quantizações das radiâncias medidas por eles sejam feitas em 8 *bits*, ambos vão discretizar as intensidades do fluxo radiante incidente sobre eles e proveniente da reflexão de um determinado objeto em 256 níveis de cinza. Porém, cada um terá seus próprios critérios ao fazê-lo, o que resultará em níveis de cinza que não poderão ser comparados entre as diferentes imagens das duas bandas em questão. Assim, se um determinado objeto assumir, nas bandas do visível e do infravermelho, o nível de cinza 64, por exemplo, apesar de esse objeto aparentemente brilhar de forma igual nas duas faixas espectrais, ele poderá apresentar níveis de radiância muito diferentes. Nesse caso, as imagens estariam informando que o tal objeto não apresenta diferença de brilho nas duas regiões espectrais, quando, na realidade, ela existe.

O início de qualquer atividade que envolva o uso de imagens orbitais ou aerotransportadas geradas a partir de sensores eletro-ópticos deve sempre levar em conta os aspectos apresentados anteriormente, pois somente assim será possível otimizar procedimentos e garantir confiabilidade aos resultados atingidos.

Em trabalhos de caráter mais qualitativo, como a elaboração de mapas temáticos, quer seja através da interpretação visual de imagens ou mediante a aplicação de técnicas de classificação digital, essa "imperfeição radiométrica" das imagens não constitui objeto de muita preocupação. Contudo, quando o interesse é explorar os dados presentes nas imagens em abordagens mais quantitativas, o interessado ou a equipe responsável pelo estudo deverá tomar muito cuidado em procedimentos que envolvam transformações desses dados em valores físicos, assunto este que será tratado oportunamente.

Imagens multiespectrais da superfície da Terra adquiridas por aeronaves ou satélites estão disponíveis em formato digital. A grande vantagem disso é que essas imagens podem ser processadas com o uso de computadores para realçar a informação, produzindo fotografias para a fotointerpretação. Os sensores colocados a bordo tanto de satélites meteorológicos como daqueles voltados para estudos de recursos naturais terrestres operam nas mesmas faixas do espectro eletromagnético. Talvez a maior distinção entre as imagens geradas por esses sensores esteja na resolução espacial. Enquanto, para estudos dos recursos naturais terrestres, o tamanho do *pixel* é menor do que 100 m, para aplicações meteorológicas ele normalmente possui resoluções espaciais muito mais grosseiras, da ordem de 1 km.

A seguir, vamos apresentar alguns exemplos de sensores meteorológicos e de estudo dos recursos naturais terrestres:

a) **Advanced Very High Resolution Radiometer (AVHRR) dos satélites da série National Oceanic and Atmospheric Administration (Noaa):** o AVHRR foi desenvolvido para prover dados para estudos meteorológicos, oceanográficos e hidrológicos, embora também sejam possíveis aplicações no monitoramento da superfície terrestre. As primeiras versões do AVHRR atuavam em quatro bandas espectrais, mas seu aprimoramento incluiu novas versões com cinco bandas espectrais, conforme apresentadas na Tab. 2.1, referente à versão Noaa N (também conhecida como Noaa 18). A resolução radiométrica indicada na tabela refere-se à sensibilidade do sensor em "perceber" variações nos níveis de radiância. Um sensor com 8 *bits* de resolução radiométrica pode representar essas variações em 256 níveis (2^8), enquanto outro com 10 *bits* pode representar essas variações em 1.024 níveis.

TAB. 2.1 **Principais características técnicas do sensor AVHRR-Noaa N**

Resolução no terreno	1,1 km no nadir
Resolução radiométrica	10 *bits*
Largura de faixa	2.700 km
Bandas espectrais	
Banda 1	0,58 μm – 0,68 μm
Banda 2	0,725 μm – 1,1 μm
Banda 3	3,55 μm – 3,93 μm
Banda 4	10,3 μm – 11,3 μm
Banda 5	11,5 μm – 12,5 μm

Fonte: <http://www2.ncdc.noaa.gov/docs/klm/index.htm>.

b) **Multi-spectral Scanner System (MSS), Thematic Mapper (TM), Enhanced Thematic Mapper Plus (ETM+)/Landsat:** o satélite Landsat foi o primeiro a ser desenvolvido para prover cobertura quase global da superfície terrestre em uma base regular e previsível. Consequentemente, os dados adquiridos têm servido como comparação para os novos sensores que foram desenvolvidos ao longo do tempo. Os três primeiros satélites da série tinham as mesmas características orbitais, mas incluíam outros sensores, como o Ray Beam Vidicom (RBV) e o Multi-spectral Scanner System (MSS). Os satélites 4 e 5 da série Landsat passaram a carregar os sensores MSS e o Thematic Mapper (TM). A versão do sensor TM colocada a bordo do satélite Landsat 5 foi lançada em órbita em 1º de março de 1984 e seus dados foram utilizados até o final de 2011, constituindo um dos mais bem sucedidos sensores de observação dos recursos naturais já desenvolvidos até o momento.

Mesmo com o sensor TM funcionando perfeitamente a bordo do satélite Landsat 5, em 5 de outubro de 1993 foi lançado o Landsat 6, com outro sensor TM a bordo, mas, em razão das falhas no lançamento, esse satélite foi perdido. Lançado em 15 de abril de 1999, o satélite Landsat 7 levava a bordo o sensor Enhanced Thematic Mapper Plus (ETM+), que funcionou perfeitamente até maio de 2003.

A Tab. 2.2 apresenta algumas das principais características dos sensores colocados a bordo dos satélites da série Landsat. O sensor MSS colocado a bordo do satélite Landsat 3 tinha uma banda na região do termal (banda 8 µm – 10,4 µm – 12,6 µm) com resolução de 237 m x 237 m.

TAB. 2.2 Principais características dos sensores colocados a bordo dos satélites da série Landsat

Sensor	Banda (µm)	Res. espacial (m)	Res. radiométrica (*bits*)
MSS	4 ≥ 0,50 - 0,60	79	7
	5 ≥ 0,60 - 0,70	79	7
	6 ≥ 0,70 - 0,80	79	7
	7 ≥ 0,80 - 1,10	79	6
TM	1 ≥ 0,450 - 0,520	30	8
	2 ≥ 0,520 - 0,600	30	8
	3 ≥ 0,630 - 0,690	30	8
	4 ≥ 0,760 - 0.900	30	8
	5 ≥ 1,550 - 1,750	30	8
	7 ≥ 2,080 - 2,350	30	8
	6 ≥ 10,400 - 12,500	120	8
ETM+	1 ≥ 0,450 - 0,520	30	8
	2 ≥ 0,530 - 0,610	30	8
	3 ≥ 0,630 - 0,690	30	8
	4 ≥ 0,780 - 0,900	30	8
	5 ≥ 1,550 - 1,750	30	8
	7 ≥ 2,080 - 2,350	30	8
	8 ≥ 0,520 - 0,900	15	8
	6 ≥ 10,400 - 12,500	60	8

Fonte: adaptado de Richards (1986).

c] **Moderate Resolution Imaging Spectroradiometer (Modis)**: o sensor Modis é o principal instrumento dos satélites Terra e Aqua. Foi projetado para fornecer uma série de observações globais da superfície terrestre, do oceano e da atmosfera nas regiões do visível e do infravermelho. Ele possui alta resolução radiométrica (12 *bits*) em 36 bandas espectrais compreendidas de 0,4 μm a 14,4 μm. Em duas dessas 36 bandas, coletam-se dados com resolução espacial de 250 m; em outras cinco bandas, com resolução espacial de 500 m; e nas demais, com resolução espacial de 1 km. Esse sensor orbita a Terra a uma altitude de 705 km. Em razão do ângulo de 55° de observação para cada lado transversal à trajetória de sua órbita, produz imagens de uma superfície de 2.330 km, o que lhe confere resolução temporal (período de tempo entre duas coletas de dados sobre uma mesma porção da superfície terrestre) de dois dias. A Tab. 2.3 apresenta as principais características do sensor Modis.

d] **High Resolution Visible (HRV), High Resolution Geometric (HRG) e Vegetation da série de satélites Spot**: o primeiro sistema da série Spot tornou-se operacional em 1986, levando a bordo o sensor HRV, que esteve presente nos satélites Spot 1 até o Spot 4, gerando imagens pancromáticas com resolução espacial de 10 m e imagens multiespectrais com resolução espacial de 20 m. No satélite Spot 5 foi introduzido o sensor HRG, que passou a constituir o principal sensor da série, com imagens pancromáticas com resolução espacial de 2,5 m a 5 m e imagens multiespectrais com resolução espacial de 10 m. O sensor Vegetation é um sensor multiespectral que foi colocado primeiramente a bordo do satélite Spot 4, permanecendo também no Spot 5. As imagens geradas por esse sensor têm resolução espacial de 1 km e resolução temporal quase diária; ele coleta dados em quatro bandas espectrais, sendo três delas posicionadas nas regiões do visível e do infravermelho próximo e uma quarta banda posicionada na região do azul, cujos dados são utilizados para efetuar a correção atmosférica dos dados gerados pelas três primeiras bandas. A partir dos dados desse sensor, disponibiliza-se um produto muito útil para estudos quantitativos de vegetação: as imagens Índice de Vegetação de Diferença Normalizada (NDVI), cuja definição será apresentada mais adiante.

TAB. 2.3 Principais características do sensor Modis e aplicações projetadas para as 36 bandas das quatro regiões espectrais

Aplicações	Banda	Largura de banda (μm)
Terra/Nuvens/Aerossóis Limites	1	0,620 – 0,670
	2	0,841 – 0,876
Terra/Nuvens/Aerossóis Propriedades	3	0,459 – 0,479
	4	0,545 – 0,565
	5	1,230 – 1,250
	6	1,628 – 1,652
	7	2,105 – 2,155
Cor do oceano/Fitoplâncton/Biogeoquímica	8	0,405 – 0,420
	9	0,438 – 0,448
	10	0,483 – 0,493
	11	0,526 – 0,536
	12	0,546 – 0,556
	13	0,662 – 0,672
	14	0,673 – 0,683
	15	0,743 – 0,753
	16	0,862 – 0,877
Vapor d'água atmosférico	17	0,890 – 0,920
	18	0,931 – 0,941
	19	0,915 – 0,965
Superfície/Nuvens Temperatura	20	3,660 – 3,840
	21	3,929 – 3,989
	22	3,929 – 3,989
	23	4,020 – 4,080
Temperatura atmosférica	24	4,433 – 4,498
	25	4,482 – 4,549
Vapor d'água de nuvens cirrus	26	1,360 – 1,390
	27	6,535 – 6,895
	28	7,175 – 7,475
Propriedade de nuvens	29	8,400 – 8,700
Ozônio	30	9,580 – 9,880
Superfície/Nuvens Temperatura	31	10,780 – 11,280
	32	11,770 – 12,270
Altitude de topo de nuvens	33	13,185 – 13,485
	34	13,485 – 13,785
	35	13,785 – 14,085
	36	14,085 – 14,385

Fonte: <http://modis.gsfc.nasa.gov/data/dataprod/index.php/>.

e] **Multi-angle Imaging Spectroradiometer (MISR) do satélite Terra:** trata-se de um sensor que foi desenvolvido para estudos ecológicos e climáticos, mas, considerando suas características funcionais, seus dados também podem ser utilizados em estudos de vegetação. Esse sensor é dotado de nove câmeras identificadas como Na, Af, Aa, Bf, Ba, Cf, Ca, Df e Da, que permitem a coleta de dados em diferentes situações angulares quase que instantaneamente (0°, 26,1°, 45,6°, 60,0° e 70,5°) e em quatro bandas espectrais que compreendem as regiões do visível e do infravermelho próximo, conforme ilustrado na Fig. 2.1. Uma vez que a cobertura vegetal, em suas mais diversas fisionomias e diversidades estruturais, não apresenta comportamento isotrópico (lambertiano) durante o processo de reflexão da radiação incidente, espera-se que um mesmo dossel observado pelas câmeras do sensor

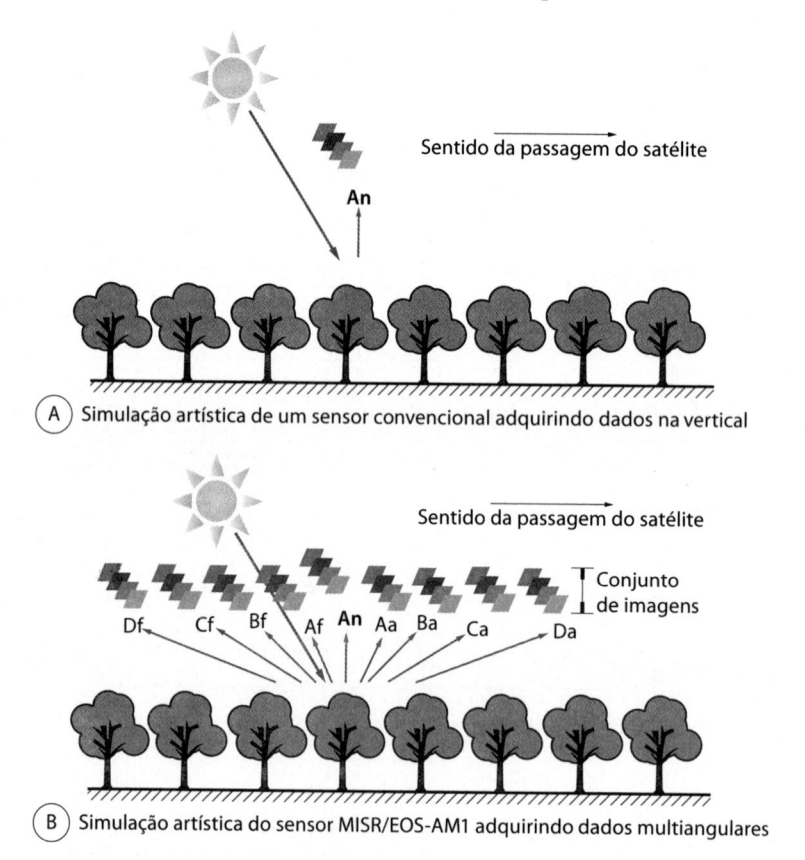

Fig. 2.1 Simulações artísticas do imageamento de (A) um sensor convencional na vertical nadir e do (B) sensor multiangular MISR, para uma mesma formação florestal hipotética
Fonte: Liesenberg (2006). (versão colorida - ver prancha 2)

MISR apresentará diferentes valores de fatores de reflectância bidirecional. Essa diferenciação pode ser relacionada aos parâmetros biofísicos do dossel.

f] **Hyperion**: é um sensor hiperespectral orbital desenvolvido dentro do programa Earth Observing 1 (EO-1) da Nasa. Ele atua em 220 bandas compreendidas de 0,4 μm a 2,5 μm, com resolução espacial de 30 m. As faixas imageadas têm dimensões de 7,5 km de largura por 100 km de comprimento e o imageamento não é contínuo, como acontece com os sensores tradicionalmente empregados para a observação da Terra (AVHRR, TM, ETM+ etc.). A obtenção das imagens é feita por encomenda, a partir da informação sobre a localização da superfície a ser imageada.

A Fig. 2.2 apresenta um esquema da natureza de um dado hiperespectral, como aqueles adquiridos pelo sensor Hyperion. Observa-se, pela análise dessa figura, que de cada *pixel* na cena imageada é possível extrair espectros médios de reflectância dos objetos contidos dentro do *pixel*. Trata-se de uma alternativa muito interessante para a caracterização espectral de uma cobertura vegetal.

g] **Sensores colocados a bordo dos satélites do programa sino-brasileiro CBERS**: o Brasil e a China vêm desenvolvendo um programa espacial conjunto, voltado para o desenvolvimento de sensores orbitais específicos para a geração de dados ambientais. Nas primeiras duas versões de satélites desse programa, então denominados CBERS-1 e CBERS-2, foram colocados a bordo três diferentes sensores, sendo dois de produção chinesa e um de produção brasileira. A câmera CCD, de produção chinesa, fornece imagens de uma faixa de 113 km de largura, com uma resolução espacial de 20 m e uma resolução temporal de 26 dias. Tem capacidade de orientar seu campo de visada dentro de mais ou menos 32°, possibilitando a obtenção de imagens estereoscópicas ou o aumento da resolução temporal sobre regiões específicas da superfície terrestre. Opera em cinco faixas espectrais, a saber: CCD_1 (0,45 μm - 0,52 μm); CCD_2 (0,52 μm - 0,59 μm); CCD_3 (0,63 μm - 0,69 μm), CCD_4 (0,77 μm - 0,89 μm) e CCD_5 pan (0,51 μm - 0,73 μm). Na versão colocada a bordo do satélite CBERS-2, as imagens geradas foram distribuídas gratuitamente para toda a comunidade brasileira de usuários de produtos de sensoriamento remoto, o que constituiu sensível expansão da aplicação de

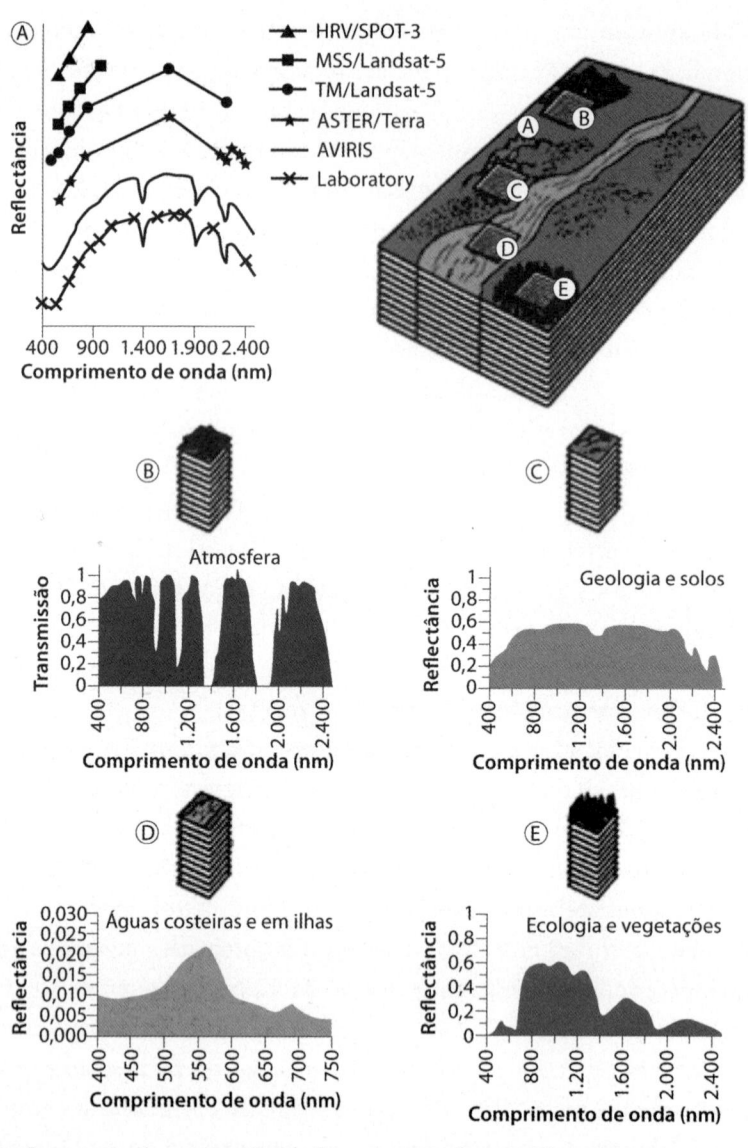

Fig. 2.2 Representação esquemática do Sensoriamento Remoto Hiperespectral
Fonte: adaptado de Green, Eastwood e Sarture (1998). (versão colorida - ver prancha 3)

seus dados em estudos ambientais em todo o país. Outra câmera de produção chinesa é a Infrared Multispectral Scanner (IRMSS), dotada de quatro bandas espectrais, com resolução espacial de 80 m nas regiões do infravermelho próximo e do infravermelho médio, e de 160 m na região espectral do infravermelho termal. A largura da faixa imageada é de 120 km, com resolução temporal de 26 dias. As faixas espectrais de cada uma das quatro bandas são: IRMSS_1 (0,50 μm - 1,10 μm); IRMSS_2 (1,55 μm - 1,75 μm); IRMSS_3 (2,08 μm - 2,35 μm) e IRMSS_4 (10,40 μm - 12,50 μm). A câmera brasileira foi denominada Wide Field Imager (WFI) e é dotada de duas bandas espectrais (WFI_1, 0,63 μm - 0,69 μm; e WFI_2, 0,77 μm - 0,89 μm), com resolução temporal de cinco dias e resolução espacial de 250 m. Por suas características, seus dados têm sido utilizados em programas de monitoramento da cobertura vegetal da amazônia, como o Deter, desenvolvido pelo Instituto Nacional de Pesquisas Espaciais (Inpe) e pelo Instituto Brasileiro do Meio Ambiente e dos Recursos Naturais Renováveis (Ibama).

2.1 Interpretação visual

Vamos prosseguir na direção de abordagens mais qualitativas. A Fig. 2.3 apresenta seis imagens do sensor ETM+/Landsat 7, nas bandas ETM+1, ETM+2, ETM+3, ETM+4, ETM+5 e ETM+7, referentes ao pantanal de Nhecolândia, no Mato Grosso do Sul. A paisagem em questão inclui formações de cerrado arbóreo, fisionomias campestres naturais e compostas por gramíneas exóticas (braquiárias), vegetação aquática, lagoas com diferentes formas, predominantemente circulares, e cursos d'água.

Atendo-nos exclusivamente à vegetação, observamos que os dosséis vegetais apresentam-se com tonalidade escura nas três imagens referentes ao visível (ETM+1, ETM+2 e ETM+3), tonalidade mais clara na imagem do infravermelho próximo (ETM+4) e, finalmente, tonalidade escura nas imagens do infravermelho médio (ETM+5 e ETM+7). Como mencionamos anteriormente, não é possível comparar as tonalidades similares entre essas diferentes imagens das diferentes bandas, pois essa comparação somente é possível dentro de uma mesma imagem.

As diferentes tonalidades existentes nas áreas ocupadas pelos dosséis vegetais nas imagens do visível seriam, então, explicadas por diferentes concentrações/atividades de pigmentos fotossintetizantes, que, para o caso das formações em questão, explicariam diferentes densidades de vegetação. Na imagem do infravermelho próximo, os dosséis de cerrado apresentam-se "claros". Essa tonalidade clara é explicada pelo espalhamento da radiação incidente tanto no interior das folhas como entre elas. Nesses locais da imagem, também é possível observar alguma textura oriunda da ocorrência de sombras nas camadas mais superiores dos dosséis. De maneira geral, quanto mais rugosa for essa textura, maior será a estratificação vertical apresentada pelo dossel ou maior será a diferença entre esses estratos na direção vertical. Finalmente, nas imagens da região do infravermelho médio, a tonalidade dos cerrados

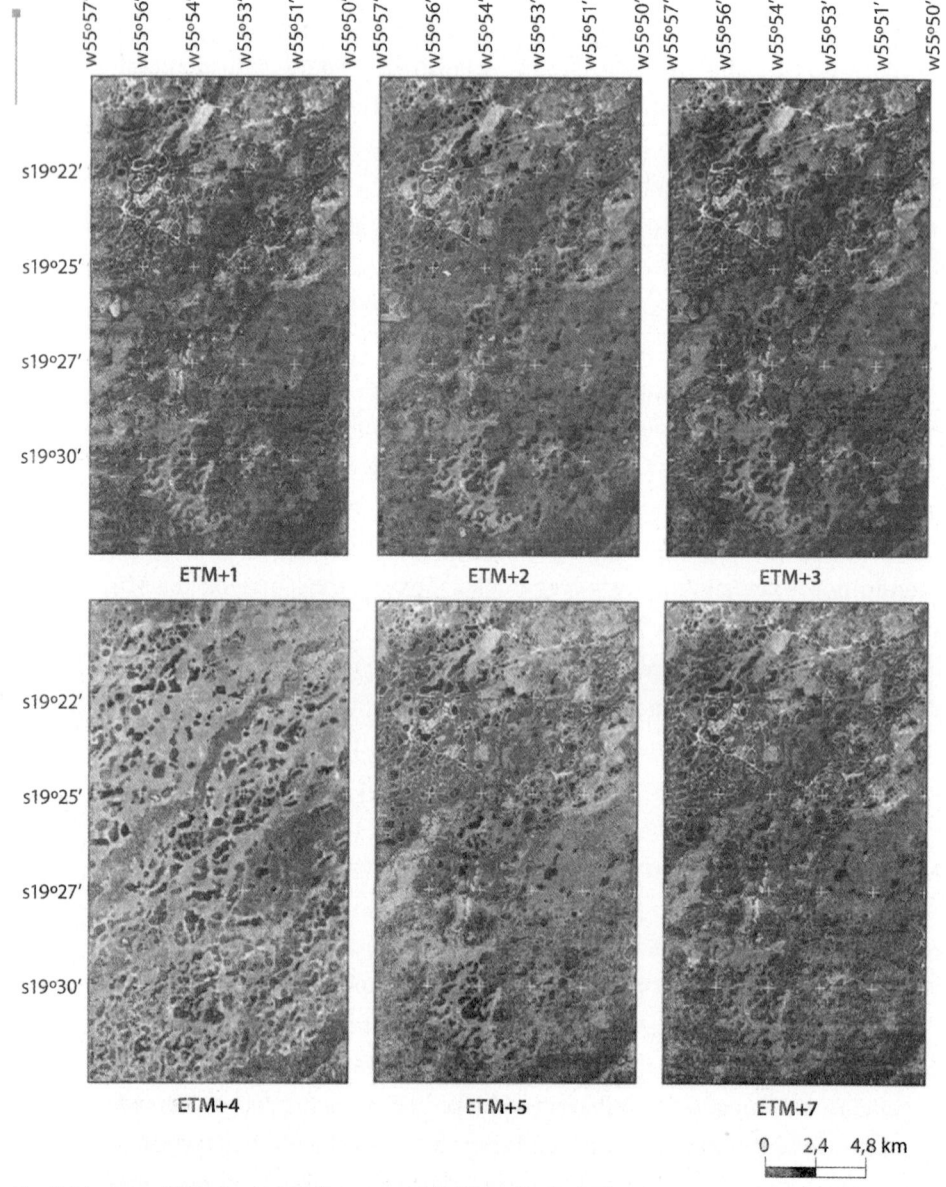

Fig. 2.3 Imagens ETM+/Landsat 7 do pantanal de Nhecolândia (MS)

arbóreos volta a ser escura, mas agora a justificativa não é a ação dos pigmentos fotossintetizantes, mas sim a umidade interna das folhas.

Essa análise somente pode ser feita nos níveis aqui apresentados, ou seja, de forma bastante superficial e genérica. Para facilitar a extração de informações qualitativas da cena em questão, vamos elaborar uma composição colorida com as imagens das bandas ETM+3, ETM+4 e ETM+5, adotando os filtros azul, vermelho e verde, respectivamente. A composição colorida resultante é apresentada na Fig. 2.4.

Nessa composição colorida falsa cor, as formações arbóreas de cerrado apresentam cores avermelhadas; as áreas com fisionomia campestre apresentam cores esverdeadas ou esbranquiçadas; e os corpos d'água mostram tonalidades escuras.

Olhando para essa composição colorida, considerando tudo o que foi comentado até o momento e concentrando toda a atenção somente sobre a vegetação, a pergunta cabível seria: uma vez percebendo visualmente diferenças de brilho nas áreas avermelhadas, como associar tais diferenças à vegetação no campo? Aqui temos de considerar alguns aspectos importantes. Em primeiro lugar, precisamos ter bem claro o objetivo que pretendemos atingir com a análise da imagem em questão. Em segundo lugar, e ainda associado ao tal objetivo, precisamos definir a escala de trabalho e a metodologia de extração de informações que adotaremos. Cada um desses aspectos definirá critérios em nosso trabalho que nortearão toda uma linha de raciocínio que seguiremos quando finalmente nos debruçarmos sobre a imagem.

Vamos imaginar que nosso objetivo seja elaborar um mapa temático com a seguinte legenda: água, braquiária, cerradão, cerrado e campo (a definição da legenda é um passo fundamental quando se trabalha com sensoriamento remoto; procura-se sempre definir uma legenda que seja compatível não só com a escala de trabalho, como também com o tipo de imagens que se vai utilizar). A escala de trabalho será fixada em 1:50.000, e utilizaremos a interpretação visual para identificar os itens da legenda. Nesse caso, e pensando exclusivamente nos itens relacionados à cobertura vegetal, a associação entre os padrões existentes nas imagens e a vegetação no campo

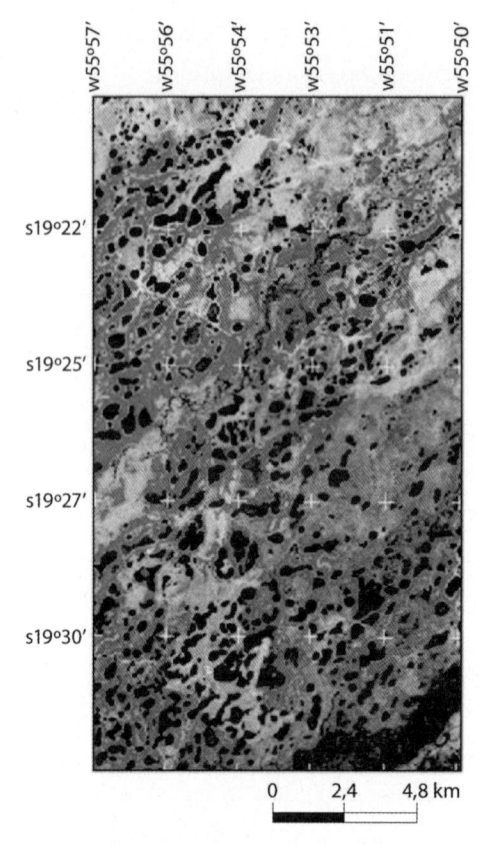

Fig. 2.4 Composição colorida ETM+3 (filtro azul), ETM+4 (filtro vermelho) e ETM+5 (filtro verde) do pantanal de Nhecolândia (MS) (versão colorida - ver prancha 4)

será feita por meio da busca de diferenças fisionômicas. Assim, espera-se que o cerradão, por possuir porte florestal e dossel frequentemente dividido em dois ou três estratos verticais, apresente: tonalidade mais escura do que os demais itens de vegetação da legenda nas bandas do visível, pela maior atividade fotossintética e/ou quantidade de folhas realizando fotossíntese; tonalidade clara na banda do infravermelho próximo, em razão do espalhamento múltiplo da radiação eletromagnética por parte das folhas; e tonalidade novamente escura na imagem da banda do infravermelho médio, por causa da maior quantidade de folhas contendo água em seu interior. Vale salientar que a tonalidade clara do cerradão verificada na imagem do infravermelho próximo pode ser menos intensa do que aquela apresentada pelo cerrado, pela maior chance de ocorrência de sombras no interior do dossel do cerradão. Como resultado final do padrão a ser analisado visualmente na composição colorida em questão, espera-se que o cerradão apresente uma tonalidade avermelhada intensa e com textura mais rugosa do que aquela verificada nos dosséis de cerrado, que também deverão apresentar tonalidade avermelhada. Já o campo natural deverá apresentar um padrão caracterizado por uma tonalidade variando do branco ao esverdeado, uma vez que sua taxa fotossintética deverá ser inferior àquela apresentada pelas duas fisionomias florestais mencionadas, e que haverá certamente maior participação do solo na resposta espectral do dossel herbáceo, o que implicará maiores níveis de brilho nas regiões do visível e do infravermelho médio.

A Fig. 2.5 apresenta novamente a composição colorida da nossa imagem do pantanal, acompanhada agora do mapa temático resultante da sua interpretação visual, na escala 1:50.000.

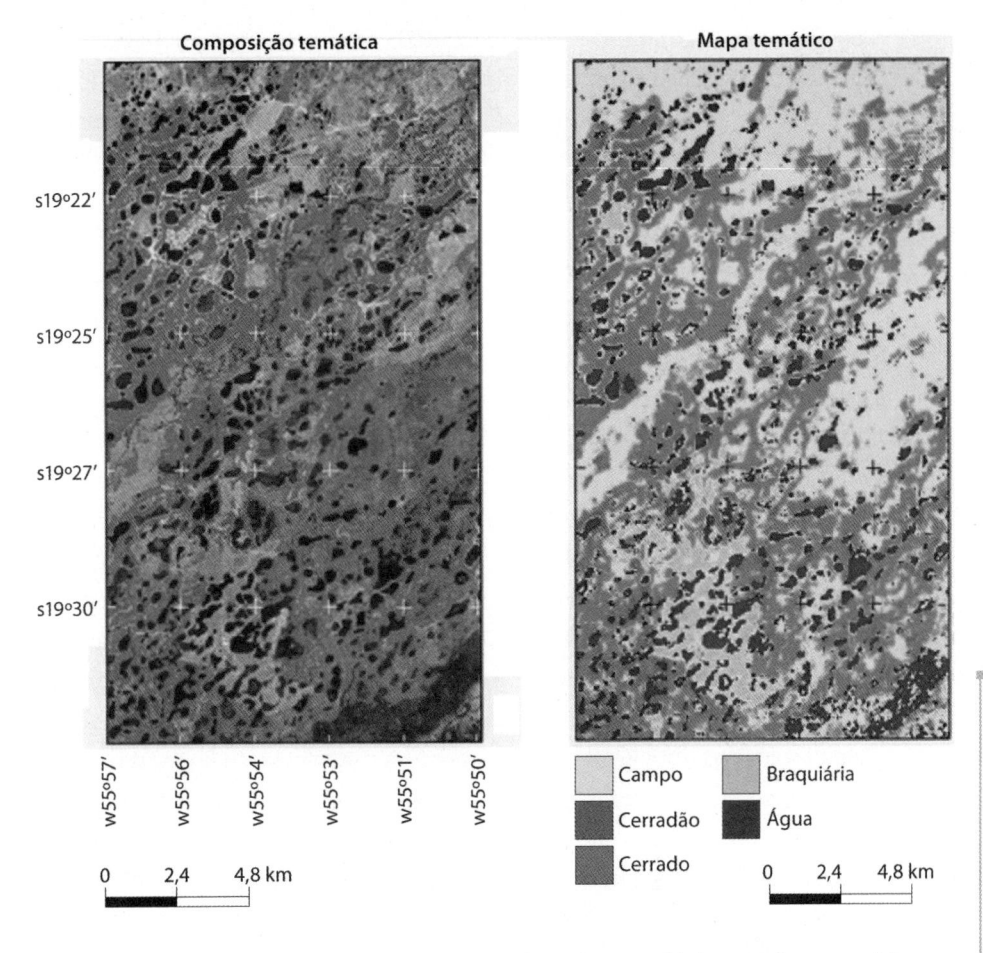

Fig. 2.5 Composição colorida (ETM3-azul, ETM4-vermelho e ETM5-verde) de parte do pantanal de Nhecolândia (MS) e mapa temático resultante da interpretação visual (versão colorida - ver prancha 5)

Ao se comparar visualmente a composição colorida com o mapa temático elaborado, observa-se que os principais temas da legenda apresentam boa correspondência de distribuição espacial, destacando-se as áreas de pastagem plantada em rosa no mapa temático e os corpos d'água em azul.

Na elaboração do referido mapa temático, a interpretação foi fundamentada no julgamento subjetivo do intérprete quanto à delimitação de polígonos que apresentavam padrões de tonalidade, textura e cor similares. Caberia agora a pergunta: será que, fornecendo ao intérprete imagens de outra região do país, nas quais ainda ocorram os itens da legenda, ou seja, cerradão, cerrado e campo natural, ele poderá fundamentar-se nos mesmos padrões visuais de identificação em relação àqueles nos quais se fundamentou nas imagens do pantanal de Nhecolândia?

Para responder a essa pergunta, temos de recordar que existem diferentes fatores que poderiam alterar os padrões relativos entre diferentes imagens, alguns deles referentes à própria vegetação e outros às imagens em si. Quanto à vegetação, sabemos que mesmo as fisionomias de cerrado (cerradão, campo cerrado e cerrado *sensu stricto*) podem apresentar alguma variação fenológica ao longo do ano. Assim, por uma questão meramente sazonal, haverá diferenciação nos padrões de uma mesma fisionomia observada em imagens de diferentes datas nas estações seca e chuvosa, por exemplo. Há de se considerar ainda que uma mesma fisionomia vegetal pode apresentar diferenças florísticas em sua composição, com plantas com diferentes arquiteturas, o que, por sua vez, poderá interferir nas relações do dossel com a radiação eletromagnética, alterando assim os padrões presentes nas imagens orbitais. Quanto às imagens, sabemos que a interferência da atmosfera manifesta-se de modo diverso ao longo de sucessivas passagens. Por isso, mesmo trabalhando em uma mesma região geográfica, a aparência das fisionomias vegetais deverá sofrer variação em decorrência dessa diferenciação da interferência atmosférica. Outro aspecto importante refere-se aos valores dos parâmetros de calibração dos sensores que geraram as imagens. Dependendo do período de tempo e até mesmo da região geográfica à qual as imagens se referem, são conferidos a elas diferentes valores de *ganho* e *offset* que alteram dramaticamente a aparência da cobertura vegetal. Todos esses aspectos devem ser levados em consideração em trabalhos de mapeamento, sobretudo quando se trabalha com grandes extensões da superfície terrestre. Portanto, a resposta à pergunta formulada seria negativa, ou seja, o intérprete não poderia se fundamentar nos mesmos padrões visuais de interpretação.

Vamos a mais um exemplo. A Fig. 2.6 apresenta uma cena de parte do Estado do Rio Grande do Sul referente a dois períodos, aqui representados por composições coloridas elaboradas com imagens TM/Landsat 5 nas bandas TM3-azul, TM4-vermelho e TM5-verde.

A cena apresentada na Fig. 2.6A refere-se ao mês de outubro de 2002, e a cena na Fig. 2.6B refere-se ao mês de março de 2003. Observe que, apesar de referir-se a uma mesma superfície no terreno, as tonalidades

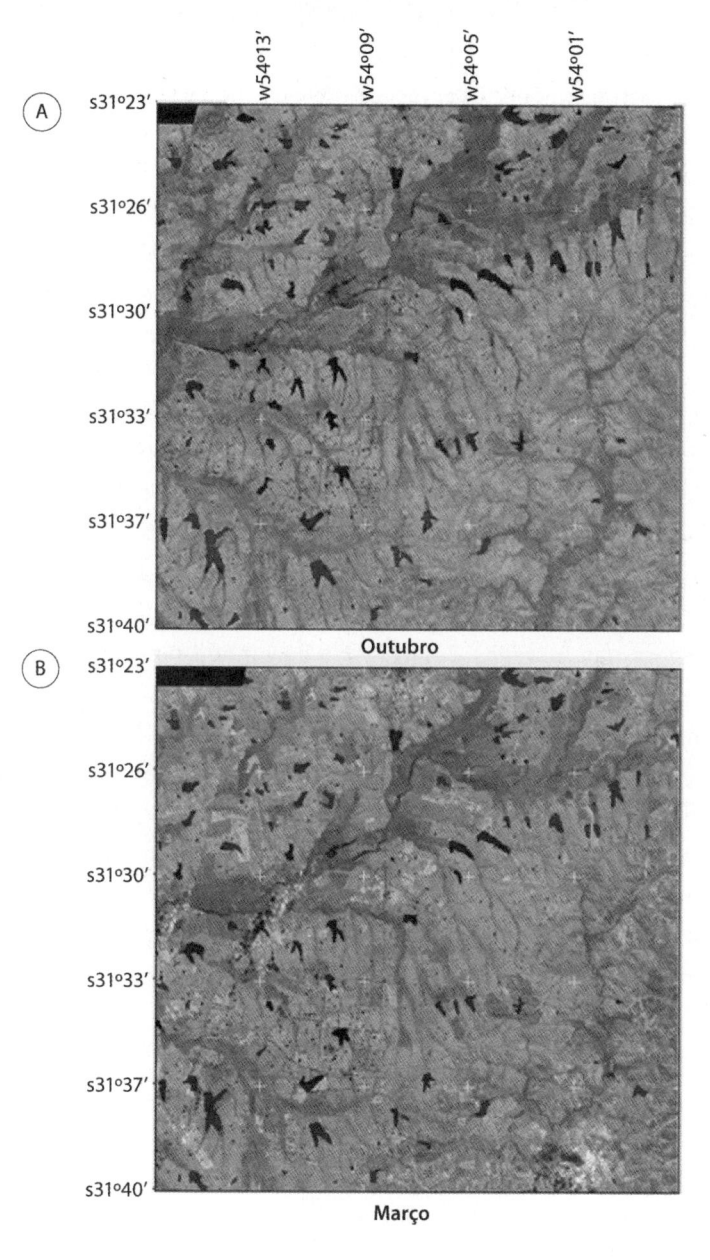

Fig. 2.6 Composições coloridas (TM/Landsat 5 nas bandas TM3-azul, TM4-vermelho e TM5- -verde) de uma porção do Estado do Rio Grande do Sul, referentes a duas datas de coleta de dados: (A) outubro/2002 e (B) março/2003 (versão colorida - ver prancha 6)

apresentam-se ligeiramente diferentes entre si, comparando-se as duas imagens. O que poderia explicar essas diferenças? Alterações dos objetos presentes na superfície da Terra ou interferência diferenciada da atmosfera e/ou da calibração do sensor que as gerou?

Se sobre as imagens em questão não tivesse sido aplicado qualquer tipo de processamento para corrigir tanto o efeito da atmosfera (diferenciado nas duas datas) como as possíveis diferenças na sensibilidade (calibração) do sensor que as gerou, seria difícil respondermos a essas perguntas. No caso específico das imagens apresentadas na Fig. 2.6, as duas foram corrigidas pelo efeito da atmosfera e normalizadas radiometricamente, ou seja, foram compatibilizadas de modo que as mudanças na aparência dos objetos presentes na superfície de uma data em relação à outra referem-se exclusivamente às mudanças na reflexão da radiação eletromagnética por parte desses mesmos objetos, e não às diferenças das influências da atmosfera ou da calibração do sensor ao longo do tempo. Sobre o processo de normalização que acabamos de mencionar, sugerimos a leitura do artigo apresentado por Hall et al. (1991).

A paisagem nas imagens da Fig. 2.6 é dominada por vegetação graminoide que serve como pasto para diferentes espécies de bovinos. O que se observa na imagem de outubro (Fig. 2.6A) são as áreas de pastagem em tons esverdeados nessa composição, indicando haver pouca fitomassa disponível para o pastoreio. Em março (Fig. 2.6B), a substituição por tons mais avermelhados indica que o espalhamento da radiação eletromagnética é maior e/ou é também maior a absorção da radiação nas regiões do visível e do infravermelho médio, dinâmica esta atribuída ao aumento da fitomassa nas pastagens.

Evidentemente que cada cena, situação e região em estudo guardam suas particularidades e detalhes, que devem ser cuidadosamente levados em consideração pelos profissionais envolvidos nos estudos ou trabalhos. Os dados contidos nas imagens, sejam eles convertidos para valores físicos ou não, representam apenas uma fração da informação que pode ser extraída. É fundamental que todo e qualquer trabalho ou estudo que se utilize de imagens ou de qualquer outro produto de sensoriamento remoto seja precedido de levantamentos de outros dados, que devem ser agregados ao processo de extração de informações como um todo, como levantamentos bibliográficos sobre a região de estudo, trabalhos de campo em geral, dados socioeconômicos etc. Costuma-se dizer que, em sensoriamento remoto, nada é discreto ou absoluto. Cada caso e/ou estudo deve ser analisado em detalhe, sendo necessário, tanto quanto possível, abster-se de regras genéricas e extrapolações.

Quando se trabalha com grandes extensões da superfície terrestre, como no caso de programas de monitoramento de biomas como a mata atlântica (Atlas dos Remanescentes Florestais da Mata Atlântica) ou a amazônia (Estimativa do Desflorestamento Bruto da Amazônia), os trabalhos de interpretação de imagens requerem que a equipe responsável seja organizada não só por intérpretes que extraem feições das imagens, mas também por outros que atuam como "homogeneizadores" da interpretação. Esses homogeneizadores são responsáveis por conferir alguma consistência aos mapas temáticos gerados, dados os diferentes critérios de interpretação que podem ser assumidos por diferentes profissionais.

2.2 Processamento digital

A identificação de objetos em imagens produzidas por sensores remotos mediante interpretação visual é eficaz quando o interesse é acessar as características geométricas e a aparência geral desses objetos. Contudo, vale lembrar que as imagens são compostas por *pixels*, e que a visão humana permite a extração de informação mediante a análise de inúmeros *pixels* em conjunto, e não de forma isolada. Para alguns tipos de avaliação, como estimativas de área ocupada por uma determinada cultura agrícola, por exemplo, o processamento digital dos dados pode trazer ganhos significativos.

Uma vez que a interpretação visual é baseada na capacidade do intérprete humano, somente informações provenientes de três bandas correspondentes a uma imagem multiespectral podem ser utilizadas simultaneamente. É importante lembrar que o número de bandas pode variar significativamente entre os sensores remotos, desde, por exemplo, quatro bandas no MSS/Landsat 1-4, sete bandas no TM/Landsat 5, até mais de 200 bandas para sensores hiperespectrais como o Airborne Visible/Infrared Imaging Spectrometer (Aviris) e o Hyperion/EO-1. Entretanto, nem sempre todas as bandas são necessárias para a identificação da natureza dos objetos contidos em um *pixel*. Há de se considerar ainda que o intérprete humano não é capaz de discriminar um grande número de níveis de cinza, normalmente muito menos que o limite da resolução radiométrica disponibilizada pelos sensores (aqui devemos lembrar que o ser humano não é capaz de distinguir visualmente todos os níveis de cinza disponibilizados nas imagens multi ou hiperespectrais, tais como 256, 1.024, 2.048 etc.).

Dessa forma, o uso do computador para tratamento digital das imagens possibilita a análise de tantos *pixels* e de tantas bandas quantos forem necessários. Além disso, com o uso de computadores, passa a ser possível tirar vantagem do aspecto multidimensional dos dados e de sua resolução radiométrica. Nesse contexto, as técnicas de processamento digital aparecem como uma ferramenta muito útil, mas que deve sempre ser usada com cautela e com conhecimento das consequências que podem acarretar no estudo desejado.

Estão incluídas nas chamadas técnicas de processamento digital aquelas voltadas para o pré-processamento dos dados, para o realce visual e para as famosas técnicas de classificação digital. As técnicas de pré-processamento têm como objetivo "preparar" as imagens para serem efetivamente utilizadas pelos usuários. Elas incluem a aplicação de algoritmos que visam a corrigir imperfeições geométricas e radiométricas, e normalmente são aplicadas pelos fornecedores das imagens. Elas também incluem os aplicativos de correção atmosférica e de eliminação de ruído, quando necessário. As técnicas de realce têm como objetivo melhorar a qualidade visual das imagens de modo permanente ou momentâneo. Elas são aplicadas pelos usuários mediante processamento de aplicativos específicos e incluem grande diversidade de opções. Finalmente, existem as técnicas de classificação digital, que envolvem a utilização de métodos pelos quais *pixels* são associados a classes, de acordo com suas características espectrais. Essas técnicas de classificação digital constituem grande foco de atenção por parte dos usuários de produtos de sensoriamento remoto, pois é através delas que muitos trabalhos de mapeamento têm sido viabilizados.

Em geral, a classificação digital é aplicada a dados não convertidos para valores físicos, ou seja, costuma-se trabalhar sobre as imagens originais contendo números digitais, o que não significa que não seja possível aplicar tal técnica em imagens convertidas para fatores de reflectância bidirecional (aparente ou de superfície). Contudo, uma vez que o objetivo da classificação digital é identificar objetos (ou classes) diferentes, espectralmente falando, não importa se as magnitudes das diferenças espectrais são ou não consistentes com as diferenças de brilho entre os objetos, considerando suas propriedades espectrais.

A classificação digital é um processo de reconhecimento de padrões e de objetos homogêneos e aplica-se ao mapeamento de áreas consideradas pertencentes a uma única classe de objetos que constituem a legenda do mapeamento pretendido. Para que se entenda melhor em que esse processo se fundamenta, é importante lembrar que uma imagem é constituída por *pixels* e que cada um desses tem coordenadas espaciais x, y. Uma vez que as imagens são adquiridas em diferentes faixas ou bandas espectrais, usualmente a identificação de um *pixel* específico é feita por essas duas coordenadas espaciais e por uma terceira, referente ao domínio espectral λ, que, como já foi comentado anteriormente, tem grandeza proporcional à radiância resultante da reflexão da radiação eletromagnética incidente sobre os alvos contidos dentro desse mesmo *pixel*. Assim, para uma imagem de N bandas, existem N níveis de cinza associados a cada *pixel*, sendo um para cada banda espectral (http://www.dpi.inpe.br/spring/portugues/tutorial/classific.html).

Os algoritmos responsáveis pela efetiva realização da classificação digital recebem, coloquialmente, o nome de "classificadores" e podem ser divididos em classificadores "*pixel* a *pixel*" e classificadores "por regiões". Os classificadores *pixel* a *pixel* utilizam apenas a informação espectral de cada *pixel* para definir regiões homogêneas, e se fundamentam em métodos estatísticos ou em métodos determinísticos, enquanto os classificadores por região utilizam, além de informação espectral de cada *pixel*, a informação espacial que envolve a relação com seus vizinhos. Procura-se, assim, simular o comportamento de um fotointérprete, reconhecendo áreas homogêneas nas imagens com base nas propriedades espectrais e espaciais dos objetos que constituem as classes de interesse.

O resultado da classificação digital (*pixel* a *pixel* ou por regiões) é apresentado na forma de mapas temáticos compostos pela distribuição espacial (geográfica) de "manchas" que definem o posicionamento e a distribuição de classes específicas de objetos sobre a superfície terrestre.

A primeira etapa de um processo de classificação digital é denominada *treinamento*, que se fundamenta no reconhecimento daquilo que muitos profissionais denominam como "assinatura espectral" das classes a serem mapeadas. Na realidade, o que de fato se faz nessa etapa do processo é definir quais as características espectrais das tais classes para o conjunto específico de imagens que se está usando no momento da realização da classificação digital. Trata-se, portanto, de uma "assinatura espectral" momentânea e muito particular ao conjunto de dados em utilização. O termo "assinatura espectral" deve sempre ser empregado como a forma típica de um objeto refletir a radiação eletromagnética nele incidente, caracterizada então por fatores de reflectância, o que raramente acontece quando se aplica a classificação digital.

O treinamento pode ser supervisionado ou não supervisionado. O treinamento supervisionado acontece quando o usuário dispõe de informações que permitem a identificação, nas imagens, da localização espacial de uma classe de interesse. Assim, amostras de números digitais existentes nos *pixels* identificados como pertencentes a uma dada classe de interesse, em cada banda espectral utilizada no processo de classificação, são "extraídas" do conjunto de dados e informadas ao algoritmo de classificação. Quando o usuário utiliza algoritmos para reconhecer as classes presentes na imagem, o treinamento é dito não supervisionado. Ao definir áreas para o treinamento não supervisionado, o usuário não deve se preocupar com a homogeneidade das classes. As áreas escolhidas devem ser heterogêneas, para assegurar que todas as possíveis classes e suas variabilidades sejam incluídas. Os *pixels* dentro de uma área de treinamento são submetidos a um algoritmo de agrupamento (*clustering*) que determina o agrupamento do dado, numa feição espacial de dimensão igual ao número de bandas presentes. Esse algoritmo assume que cada grupo (*cluster*) representa a distribuição de probabilidade de uma classe.

A etapa de treinamento pode ocorrer na classificação *pixel* a *pixel* ou por regiões. A escolha desta ou daquela estratégia depende da natureza do trabalho a ser realizado, da legenda de mapeamento e das características da paisagem em estudo.

A Fig. 2.7 apresenta um possível posicionamento de amostras de treinamento na elaboração de um mapa temático composto apenas por duas classes: Floresta primária e Desflorestamento.
Os quadrados e retângulos amarelos representam as superfícies identificadas pelo usuário como ocupadas pela classe Floresta primária, enquanto os azuis representam as áreas ocupadas pela classe Desflorestamento. Os números digitais contidos dentro dessas superfícies, em cada banda espectral utilizada no processo de classificação e em cada classe, foram utilizados pelo algoritmo para reconhecer, em toda a cena sob avaliação, a natureza de cada *pixel*, nesse caso discretizada em duas classes temáticas. O resultado costuma ser denominado também de "imagem classificada". O termo "mapa temático" é costumeiramente atribuído ao produto final do processo de classificação que muitas vezes inclui etapas de acabamento segundo normas da cartografia.

Quando a opção é a classificação supervisionada, assim como ilustrado na Fig. 2.7, o usuário posiciona amostras na cena procurando abranger *pixels* que compõem o padrão visual da classe que se pretende "espacializar" no mapa. Ao proceder dessa forma, é possível que dentro de algumas amostras sejam incluídos *pixels* com "assinaturas espectrais" de classes diferentes daquela que o usuário pretende definir. Assim, gera-se uma possível "confusão" para o classificador, e essa "confusão" pode ser avaliada mediante a análise das chamadas "matrizes de classificação", que são constituídas por percentuais que expressam o número de *pixels*, dentro de uma determinada amostra, que foram classificados acertadamente (diagonal da matriz), e o número de *pixels* confundidos com outras classes.

A Tab. 2.4 apresenta um exemplo de uma matriz de classificação com quatro classes. O valor de N representa a quantidade de cada classe (porcentagem de *pixels*) que não foi classificada, ou seja, não apresentou "assinaturas espectrais" similares a qualquer uma das quatro classes

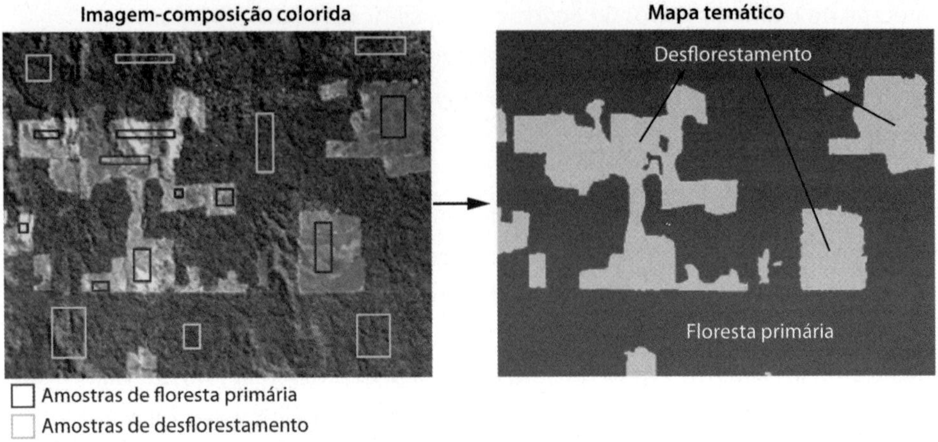

Imagem-composição colorida

Mapa temático

Desflorestamento

Floresta primária

☐ Amostras de floresta primária
☐ Amostras de desflorestamento

Fig. 2.7 Amostras de treinamento para elaboração de mapa temático composto pelas classes Floresta primária e Desflorestamento (versão colorida - ver prancha 7)

analisadas. Os valores fora da diagonal da matriz representam os percentuais de *pixels* classificados erroneamente.

Uma matriz de classificação não pode ser confundida com outro tipo de matriz que possui "aparência" muito similar, mas que é usada para avaliar a exatidão do mapeamento, ou seja, a exatidão do mapa temático elaborado. Essas matrizes são denominadas "matrizes de confusão", que confrontam dados do mapa com dados de campo ou de outros mapas considerados mais exatos.

A Tab. 2.5 apresenta um exemplo de uma matriz de confusão, no qual foram confrontados 240 pontos ou amostras no campo, sendo que foram distribuídos 60 pontos ou amostras para cada uma das quatro classes existentes no mapa temático. Nas linhas, temos o resultado da interpretação, ou seja, quando dizemos que foram confrontados (ou visitados em

Tab. 2.4 Exemplo de matriz de classificação para uma amostra fictícia

	N	Classe 1	Classe 2	Classe 3	Classe 4
Classe 1	4,7	94,3	0,0	0,0	0,9
Classe 2	1,1	0,0	82,3	0,0	16,6
Classe 3	0,0	13,3	0,0	86,7	0,0
Classe 4	3,8	0,0	4,7	0,0	91,5

Fonte: <http://www.dpi.inpe.br/spring/portugues/tutorial/classific.html>.

Tab. 2.5 Exemplo de matriz de confusão

	Classe 1	Classe 2	Classe 3	Classe 4	Total
Classe 1	48	2	7	3	60
Classe 2	0	52	2	6	60
Classe 3	1	5	54	0	60
Classe 4	0	0	7	53	60
Total	49	59	70	62	240

campo) 60 pontos por classe, essa distribuição foi realizada tomando como base o próprio mapa temático. Nas colunas, encontramos o resultado do confronto entre a interpretação e a "verdade" (obtida mediante dados de campo ou de outro mapa considerado mais exato). Assim, para a Classe 1, por exemplo, dos 60 pontos confrontados, apenas 48 pertenciam realmente à Classe 1, e 49 foi o número de pontos identificados como pertencentes a essa classe após o confronto.

Na diagonal da matriz, encontramos os números de pontos identificados corretamente. Para o exemplo apresentado na Tab. 2.5, o somatório da diagonal resulta em 207 pontos mapeados corretamente, contra 240 pontos analisados, o que resulta em uma exatidão global de mapeamento de aproximadamente 86%. Esse valor percentual indica que o mapa não é digno de 100% de confiança. Aceitar ou não um mapa que apresente um valor de exatidão menor do que 100% como viável em um determinado trabalho é uma decisão particular, calcada em aspectos muito particulares que envolvem não só metodologias e técnicas, como também aspectos financeiros.

A aplicação das técnicas de processamento digital de imagens no estudo da vegetação teve grande destaque no início dos anos 1970, seguindo até meados da década de 1980. Em seguida, continuou sendo intensa, incluindo o desenvolvimento de metodologias que se serviram daquilo que foi denominado como "técnicas híbridas", que incluem, de modo conjunto, a classificação digital e a interpretação visual. Na verdade, atualmente se entende que não há uma única e melhor alternativa na resolução de um problema específico, e sim que se dispõe de várias ferramentas que compõem um leque quase infinito de opções. A escolha ou definição de alternativas é fortemente influenciada pelo grau de conhecimento de que se dispõe sobre tais ferramentas e opções, tudo dosado com conhecimento e inteligência.

A imagem como fonte de dados radiométricos (abordagem quantitativa)

3

3.1 Conversão de ND para valores físicos

Tudo o que foi discutido até o momento não incluiu qualquer conversão dos números digitais (ND) das imagens para valores de parâmetros físicos como a radiância ou a reflectância. Tal conversão é possível e tem como objetivo permitir a caracterização espectral de objetos, bem como a elaboração de cálculos que incluem dados de imagens de diferentes bandas espectrais ou de diferentes sensores. Para esclarecer melhor o que foi mencionado, recordemos algumas considerações apresentadas sobre a aparência da vegetação em imagens orbitais. Dissemos que cada sensor, em cada banda espectral, tem seu próprio critério para discretizar os valores de radiância medidos na escala específica de sua resolução radiométrica (8 *bits*, 10 *bits*, 16 *bits* etc.). Assim, as imagens resultantes, ainda que obtidas por um mesmo sensor, mas em diferentes bandas, não apresentam necessariamente compatibilidade entre os NDs. Conforme foi mencionado, um valor de ND de uma imagem em uma banda específica não está na mesma escala de outro ND de outra imagem em outra banda espectral. Isso traz como consequência a impossibilidade de comparação entre NDs de bandas diferentes, ainda que se trate de um mesmo sensor, bem como de sensores diferentes. A caracterização espectral de objetos torna-se também inviável.

Como forma de solucionar essa limitação, faz-se a conversão dos NDs para valores físicos, mediante o conhecimento de algumas características tanto do sensor que gera as imagens como das condições ambientais nas quais as imagens foram geradas.

Antes de prosseguirmos na descrição sobre como proceder para viabilizar tais conversões, faz-se necessário compreender alguns termos e conceitos que serão empregados. O primeiro deles se refere ao que efetivamente é medido pelo sensor orbital e dá origem ao ND. A Fig. 3.1 apresenta um esquema no qual é possível observar os fatores que interferem no valor de radiância (L_0) efetivamente medido pelo sensor.

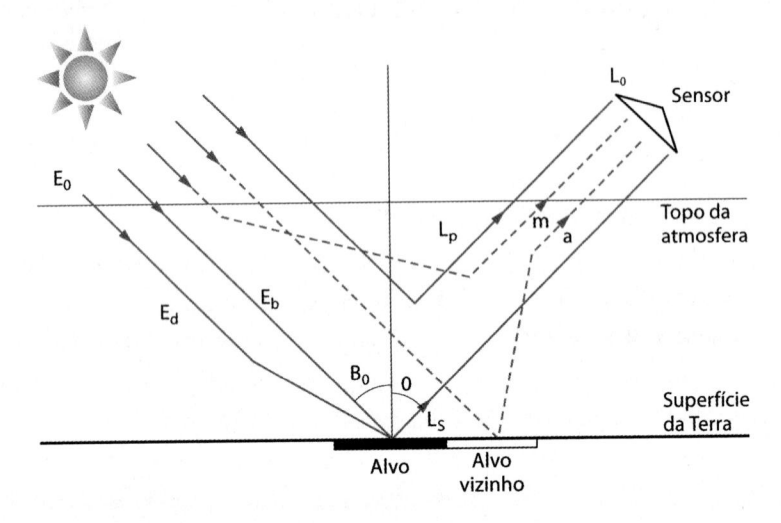

Fig. 3.1 Fatores influentes em L_0 para o caso de um sensor orbital
Fonte: Gilabert, Conese e Maselli (1994).

De toda a intensidade de fluxo incidente de radiação eletromagnética proveniente do Sol (irradiância), E_0, o objeto localizado na superfície terrestre recebe uma porção direta, E_b, e outra porção difusa, E_d. O sensor, por sua vez, recebe um fluxo de radiação que contém L_s, que representa a radiância específica do objeto (radiância real ou de superfície), L_p, que se refere a uma intensidade de fluxo decorrente de sua trajetória; m, por sua vez, representa a porção da radiação que é espalhada pela atmosfera, e a refere-se à contribuição de objetos vizinhos àquele de efetivo interesse.

A mesma radiância L_0 pode ser expressa também pela seguinte equação:

$$L_0(\lambda) = ND(\lambda) - \mathit{offset}(\lambda) / G(\lambda) \qquad (3.1)$$

ONDE:
$\mathit{offset}(\lambda)$ refere-se a uma quantidade em valores de NDs suficiente para compensar a chamada corrente escura do detector, ou seja,

para compensar a resposta do detector mesmo quando ele não recebe qualquer quantidade de radiação incidente, e G(λ) refere-se a um valor de ganho normalmente ajustado para impedir que o valor medido sature positivamente quando o detector observa objetos claros, e negativamente quando observa objetos escuros. Mais uma vez, o termo λ refere-se ao caráter espectral dos termos da equação.

É importante destacar que o valor de $L_0(\lambda)$ é medido em nível orbital e, por não se referir exclusivamente ao brilho do objeto observado, recebe a denominação de *radiância aparente*.

Para o caso de sensores orbitais, os valores de *offset*(λ) e de G(λ) nem sempre são atualizados, ficando restritos àqueles determinados antes do lançamento do satélite, o que dificulta a determinação de valores precisos de radiância aparente por parte da comunidade de usuários.

Outros parâmetros bastante utilizados no cálculo de $L_0(\lambda)$ são Lmín(λ) e Lmáx(λ), que representam os valores de radiância mínima e máxima que um sensor é capaz de registrar, os quais são respectivamente substituídos pelos valores de ND = 0 e ND = 2^x (sendo x o número de *bits* que vai definir a resolução radiométrica de um sensor). Nesse caso, o valor de $L_0(\lambda)$ é dado pela equação:

$$L_0(\lambda) = L\,m\,í\,n(\lambda) + \left(\frac{(L\,m\,á\,x(\lambda) - L\,m\,í\,n(\lambda))}{2^x}\right) \cdot ND(\lambda) \qquad (3.2)$$

Onde:

x = número de *bits* (que atualmente pode variar de 8 a 16).

Valores de Lmín(λ) e de Lmáx(λ) também são encontrados com relativa facilidade na literatura ou na internet, em páginas específicas dos fabricantes ou dos administradores de satélites de sensoriamento remoto. Esses valores são constantemente atualizados, de forma a permitir conversões seguras dos NDs em valores de radiância aparente.

Uma vez convertidos para radiância aparente, assume-se que os dados contidos nas imagens de diferentes bandas de um mesmo sensor ou de sensores diferentes podem ser comparados entre si. Contudo, como a radiância é um parâmetro radiométrico dependente da intensidade de radiação radiada pela fonte (vide seção 1.1), ela passa a não ser o parâmetro mais apropriado para avaliações das propriedades espectrais de objetos. Nesse caso, a reflectância passa a assumir papel de destaque nesses tipos de estudo, lembrando que essa propriedade espectral de um objeto é expressa pelos fatores de reflectância.

Quando calculamos o fator de reflectância mediante valores de radiância bidirecional aparente, dizemos que se trata de fator de reflectância bidirecional aparente (FRB aparente), valendo aqui os mesmos atributos já apresentados para o termo *aparente*.

A transformação de ND para FRB aparente foi proposta por Markham e Barker (1986). Em primeiro lugar, os números digitais são convertidos para valores de radiância bidirecional aparente com base nos parâmetros de calibração obtidos em missões de calibração antes do lançamento, segundo a equação:

$$L_0(\lambda) = Lmín(\lambda) + (Lmáx(\lambda) - Lmín(\lambda) \cdot QCALmáx) \quad (3.3)$$

ONDE:

$L_0(\lambda)$ = radiância bidirecional aparente;
$Lmín\lambda$ = radiância espectral mínima;
$Lmáx\lambda$ = radiância espectral máxima;
QCALmáx = número digital máximo (dependente da resolução radiométrica do sensor);
QCAL = número digital a ser convertido.

A seguir, os valores de radiância bidirecional aparente ($L_0(\lambda)$) são utilizados para o cálculo de FRB aparente do seguinte modo:

$$\rho a = \frac{\pi \cdot L_0(\lambda) \cdot d^2}{Esun(\lambda) \cdot \cos\theta} \quad (3.4)$$

ONDE:

ρa = FRB aparente;
$L_0(\lambda)$ = radiância bidirecional aparente (mW cm^{-2} sr^{-1} μm^{-1});
d = distância Sol-Terra em unidades astronômicas;

Esun(λ) = irradiância média do Sol no topo da atmosfera (mW cm^{-2} sr^{-1} µm^{-1});

θ = ângulo solar zenital.

Ao se trabalhar com imagens orbitais cujos NDs foram convertidos para FRB aparente, é possível realizar operações aritméticas utilizando dados de imagens de diferentes bandas espectrais, para um mesmo sensor ou entre sensores diferentes, uma vez que os novos "NDs" representam um parâmetro físico apresentado em uma mesma escala. Apesar disso, ainda não é possível a caracterização espectral de um objeto existente na superfície terrestre, uma vez que intrínsecos aos valores de FRB aparente encontram-se os efeitos da atmosfera. Para que tal caracterização seja possível, faz-se necessário eliminar ou minimizar os efeitos da atmosfera sobre os valores de FRB aparente.

3.2 Correção atmosférica

Há duas formas comuns de realizar a correção atmosférica sobre os valores de FRB aparente. A primeira delas é mediante a aplicação de um método proposto por Chavez (1988), denominado comumente de Correção Atmosférica pelo *Pixel* Escuro (ou Dark Object Subtraction- -DOS). Segundo esse método, em toda e qualquer cena e em qualquer banda espectral existem *pixels* que deveriam assumir o valor "0", seja nas imagens originais com NDs, seja naquelas já convertidas para FRB aparente, uma vez que eles poderiam não receber radiação incidente (quando se aplica o método em imagens originais – NDs não convertidos para valores físicos –, entende-se que o objetivo do trabalho não inclui a caracterização espectral de objetos, mas sim a melhora da qualidade visual, plástica, das imagens). Portanto, esses *pixels* não poderiam refletir radiação (sombras na região do visível, por exemplo), podendo também absorvê-la totalmente, o que igualmente implicaria valores nulos de reflexão (corpos d'água límpida nas regiões do infravermelho próximo e médio, por exemplo). Caso esses *pixels* apresentassem valores de ND ou de FRB aparente maiores que "0", o valor excedente deveria ser explicado pela interferência aditiva do espalhamento atmosférico. A correção é feita, nesse caso, segundo um procedimento bem simples que tem como objetivo identificar, em cada banda espectral, quais quantidades de NDs ou de FRBs aparentes deveriam ser subtraídas de cada imagem como um todo. Em outras palavras, são definidos valores de ND ou de FRB aparente que são subtraídos de todos os NDs e FRBs aparentes de toda a cena, considerando que a interferência atmosférica é uniforme ao longo de toda a cena.

Uma das principais críticas à aplicação desse método para proceder à correção atmosférica de dados orbitais, além dessa homogeneidade assumida da influência atmosférica para toda a cena, refere-se ao fato de que a correção considera somente o fenômeno de espalhamento da atmosfera, desprezando completamente o de absorção. Contudo, é um método de fácil aplicação, uma vez que depende somente de dados da própria imagem.

A outra alternativa para minimizar o efeito da atmosfera sobre dados orbitais deve ser aplicada somente sobre valores de radiância aparente ou FRB aparente. Trata-se dos modelos de transferência radiativa, como o Moderate Spectral Resolution Atmospheric Transmittance Algorithm (Modtran) e o Simulation of the Satellite Signal in the Solar Spectrum (5S), por exemplo. Esses e outros modelos são implementados em programas computacionais que oferecem opções variadas de entrada de dados provenientes da caracterização da atmosfera, principalmente em relação às concentrações de vapor d'água, O_3, profundidade óptica e tipo e concentração de aerossóis. Há possibilidade, ainda, de informar parâmetros referentes às propriedades espectrais de objetos vizinhos àquele do qual se pretende corrigir o efeito da atmosfera sobre seus valores de FRB aparente apresentados em imagens orbitais.

A principal vantagem da aplicação desses modelos de transferência radiativa é que eles consideram também o fenômeno de absorção da radiação eletromagnética, o que implica resultados frequentemente mais confiáveis quando o interesse é correlacionar os valores de FRB presentes nas imagens com parâmetros geofísicos ou biofísicos de objetos existentes na superfície terrestre. Porém, a caracterização da atmosfera no momento da obtenção dos dados orbitais é uma tarefa difícil e custosa, que normalmente envolve diferentes profissionais e equipamentos de alto custo de aquisição e de manutenção. Apesar disso, é possível aplicar tais modelos adotando algumas condições de contorno e aproximações que têm garantido bons resultados em estudos que envolvem as correlações mencionadas. Com dados de alta resolução espectral, é possível utilizar dados da própria imagem para estimar a presença de constituintes importantes da atmosfera, como o vapor d'água, e para otimizar a modelagem de outros constituintes.

Em qualquer um dos métodos de correção atmosférica mencionados, o resultado final é a denominada reflectância de superfície, ou seja, assume-se que os FRBs resultantes referem-se a estimadores da reflectância bidirecional dos objetos presentes na superfície terrestre, sendo possível, então, sua caracterização espectral.

Na Fig. 3.2 é apresentado um gráfico com valores numéricos extraídos de imagens orbitais do sensor ETM+/Landsat 7 de uma formação vegetal de porte arbóreo existente no bioma pantanal, Estado do Mato Grosso do Sul. Vale salientar que, quando os valores originais de ND são convertidos para valores de FRB aparente ou de superfície, o resultado é apresentado em uma escala de 8 *bits* para que as imagens possam ser visualizadas em tela de computadores. Alguns aplicativos permitem que a visualização seja feita automaticamente, mesmo que as imagens apresentem números fracionários ou reais (*floating*). Nesses casos, esse escalonamento não é necessário. Contudo, no gráfico da Fig. 3.2, optamos por apresentar todos os valores na escala de 8 *bits* (0 - 255), para que as curvas pudessem ser apresentadas de uma única vez, em um único gráfico.

Observa-se no gráfico que os valores de ND originais apresentam-se bastante diferentes dos demais. Conforme já mencionado, os valores de ND originais não servem como referência para a caracterização espectral de objetos. Observando agora a curva dos valores de ND referentes aos FRBs aparentes, é possível constatar que as maiores diferenças destes em relação àqueles FRBs de superfície, sejam oriundos da aplicação de um modelo de transferência radiativa (6S) ou do método DOS, se verificam na região do visível, diminuindo nas regiões do infravermelho próximo e médio. Na região do visível, os valores de FRB aparente são sempre superiores aos de FRB de superfície devido ao fenômeno de espalhamento da radiação eletromagnética causado pela interferência atmosférica. Pela análise das curvas denominadas como Aparente, 6S

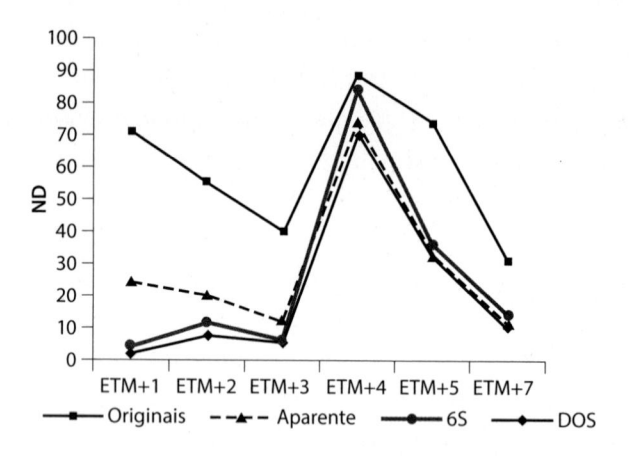

Fig. 3.2 Dinâmica dos NDs de uma formação vegetal de porte arbóreo existente no bioma pantanal (Estado do Mato Grosso do Sul) convertidos para FRB aparente e de superfície (6S e Dark Object Subtraction (DOS)) (versão colorida - ver prancha 8)

e DOS, observa-se que, para a região do visível, as maiores dinâmicas dos valores de FRB foram verificadas nas bandas de menor comprimento de onda, ou seja, banda ETM+1, seguida das bandas ETM+2 e ETM+3, respectivamente. Nas regiões do infravermelho próximo e médio, os valores de FRB de superfície são frequentemente superiores aos de FRB aparente, uma vez que o fenômeno dominante nessas regiões espectrais é a absorção da radiação eletromagnética por conta da atmosfera. Isso é válido quando da aplicação de modelos de transferência radiativa. Quando a correção atmosférica é feita mediante a aplicação do método DOS, o inverso é verdadeiro, uma vez que esse método considera ainda o fenômeno de espalhamento como dominante.

Em trabalhos que exigem ou se fundamentam no estabelecimento de correlações entre dados orbitais e parâmetros geofísicos ou biofísicos (análise quantitativa), tais correlações devem ser estabelecidas com valores de FRB de superfície em função da melhor representação das chamadas assinaturas espectrais de objetos, termo utilizado para identificar a forma típica de um objeto refletir a radiação eletromagnética incidente ao longo de certa amplitude espectral.

3.3 Normalização radiométrica

Vamos retroceder à necessidade de caracterizar espectralmente um objeto existente na superfície terrestre mediante o uso de dados orbitais.

Vimos que tal caracterização somente é possível mediante a conversão dos NDs das imagens originais em valores de FRB (preferencialmente de superfície). Imaginemos agora que tal necessidade inclui o fator tempo como fundamental na caracterização desse objeto, ou seja, deseja-se observar as possíveis variações dos valores de FRB ao longo do tempo. Uma situação possível é a comparação de imagens geradas por um mesmo tipo de sensor que operou em diferentes plataformas orbitais ou satélites. Nesse caso, a conversão dos valores de ND para valores de FRB de superfície, por exemplo, não é suficiente para permitir a caracterização espectral do objeto ao longo do tempo, uma vez que os FRBs sofrem influência de variações não lineares da sensibilidade dos detectores ao longo do tempo e de variações na geometria de iluminação que não são totalmente corrigidas durante a conversão.

A minimização dessas influências se dá através da chamada *Normalização Radiométrica*, primeiramente proposta por Hall et al. (1991), que denominou a técnica como *Retificação Radiométrica*, a qual é baseada em dois passos: 1) aquisição de um conjunto de dados de controle caracterizado pela baixa ou nenhuma variação em seus valores de reflectância média entre as imagens; 2) determinação empírica dos coeficientes para a transformação linear de todas as imagens em relação aos dados de referência.

O conjunto de dados de controle é composto por valores de FRB considerados invariantes ou estáveis ao longo do tempo. Como invariantes são considerados objetos como solo exposto, estradas, corpos d'água e, eventualmente, algumas sombras. O referido conjunto é composto por objetos claros e escuros em cada banda espectral, de forma a permitir o estabelecimento de uma regressão linear para nova definição dos valores dos FRBs intermediários. Dessa forma, considerando uma série temporal de imagens orbitais de um sensor qualquer, uma passagem (data) é definida como referência e, nas imagens de cada banda espectral, são identificados os objetos mais claros e mais escuros, mas que possuam pouca ou nenhuma variação espectral ao longo do tempo. O mesmo procedimento é adotado com as demais imagens que se pretende normalizar em relação àquela de referência.

Para compreender melhor o raciocínio seguido por Hall et al. (1991), observemos a Fig. 3.3, na qual são apresentados dois diagramas de dispersão no espaço bidimensional idealizado por Kauth e Thomas (1976), denominado por eles como *Greenness* e *Brightness*.

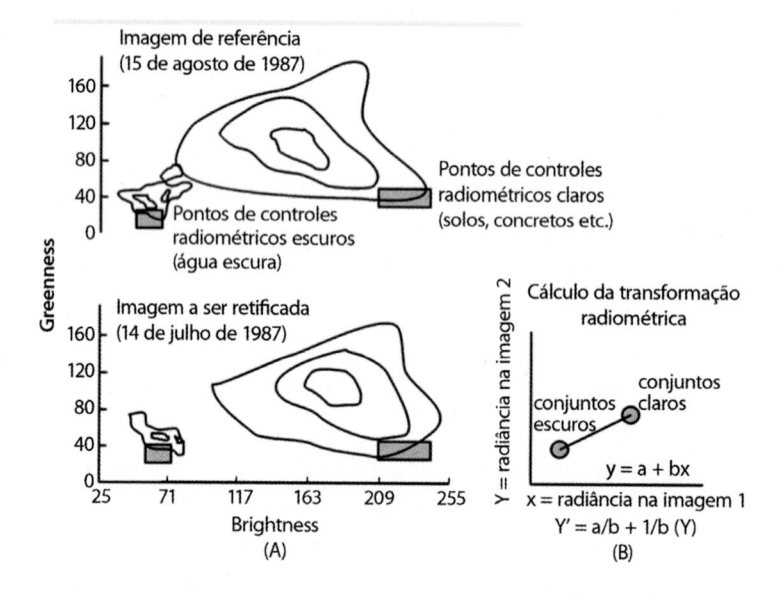

Fig. 3.3 Diagrama bidimensional de dispersão proposto por Kauth e Thomas para uma imagem de referência e outra a ser normalizada
Fonte: Hall et al. (1991).

Com relação aos diagramas de dispersão apresentados na Fig. 3.3, um refere-se à distribuição dos FRBs da imagem considerada de referência (15 de agosto) e o outro à mesma distribuição referente à imagem a ser normalizada (14 de julho). Os retângulos definidos em ambos os diagramas representam os valores de FRB do conjunto de dados de controle para as duas imagens. Se projetarmos os limites externos de cada um desses retângulos sobre os eixos Greenness e Brightness, serão definidas amplitudes em cada eixo que definirão os conjuntos claros e escuros de controle. A definição desses conjuntos implica a identificação espacial de *pixels* nas imagens, contidos dentro dos intervalos de FRB identificados como objetos claros e escuros invariantes nas cenas. A localização espacial desses *pixels* é feita mediante o estabelecimento de uma "máscara" temática que, uma vez aplicada às imagens das diferentes bandas espectrais em estudo, origina coeficientes (passo 2) de uma transformação linear, conforme descrito na equação:

$$T_i = m_i \cdot x_i + b_i \qquad (3.5)$$

ONDE:
$m_i = (Br_i - Dr_i)/(Bs_i - Ds_i)$;
$b_i = (Dr_i \times Bs_i - Ds_i \times Br_i)/(Bs_i - Ds_i)$;
T_i = FRB da imagem normalizada;
x_i = FRB da imagem original a ser normalizada;
Br_i = média do conjunto de referência clara;
Dr_i = média do conjunto de referência escura;
Bs_i = média do conjunto claro a ser normalizada;
Ds_i = média do conjunto escuro a ser normalizada;
i = bandas do sensor em estudo.

A aplicação dessas transformações lineares resulta em uma nova série de imagens (uma para cada banda de interesse) que apresentam compatibilidade espectral com a imagem definida como de referência. Valores de FRBs escuros e claros dessa nova imagem dita normalizada passam a apresentar valores similares aos da imagem de referência. Os valores intermediários de FRB são então determinados pela transformação linear e assume-se que, havendo diferença entre as imagens de um mesmo objeto, identificado tanto na imagem de referência como na normalizada, tal diferença se deve à dinâmica espectral verificada por alterações físico-químicas do objeto.

Evidentemente, essa pressuposição pode não ser totalmente verdadeira, mas a normalização radiométrica ainda é um dos procedimentos mais aceitáveis quando da caracterização espectral temporal de objetos mediante o uso de dados orbitais.

3.4 Transformações radiométricas

A característica multiespectral da maioria dos dados de sensoriamento remoto proporciona a vantagem de gerar novas imagens por meio de transformações radiométricas. Essas novas imagens geradas representam uma alternativa para a apresentação das informações de diferentes maneiras. Essas transformações podem realçar informações que não são muito visíveis nas imagens originais ou podem preservar o conteúdo das informações (para uma determinada aplicação) com um número reduzido de bandas transformadas. Para o estudo da vegetação, o índice de vegetação e o modelo de mistura espectral são transformações amplamente utilizadas em várias aplicações.

3.4.1 Índices de vegetação: conceitos e aplicações

Agora que já vimos a importância da conversão dos NDs em valores físicos e entendemos a importância da normalização radiométrica quando da consideração de séries temporais de imagens, podemos prosseguir com a apresentação do conceito de índice de vegetação.

Como foi visto em seções anteriores, a baixa reflectância das folhas na região do visível é decorrente da absorção da radiação solar pela ação dos pigmentos fotossintetizantes, enquanto a alta reflectância na região do infravermelho próximo decorre do espalhamento (reflectância e transmitância) da radiação no interior das folhas em função de sua estrutura celular. Portanto, a reflexão da radiação eletromagnética pelas folhas depende da sua composição química e estrutura interna. No caso de dosséis vegetais, a variação da reflectância da cobertura vegetal em diferentes bandas espectrais depende, principalmente, da quantidade de folhas e da arquitetura do dossel, mas o que se verifica é que a forma da curva de reflectância de um dossel assemelha-se muito com a forma da curva de reflectância das folhas (isoladas) que o compõem.

Diversos índices de vegetação têm sido propostos na literatura com o objetivo de explorar as propriedades espectrais da vegetação, especialmente nas regiões do visível e do infravermelho próximo. Esses índices são relacionados a parâmetros biofísicos da cobertura vegetal, como biomassa e índice de área foliar, além de minimizarem os efeitos de iluminação da cena, declividade da superfície e geometria de aquisição, que influenciam os valores de reflectância da vegetação.

A fundamentação da proposição desses índices reside no comportamento antagônico da reflectância da vegetação nas duas regiões espectrais mencionadas (visível e infravermelho próximo). Em princípio, quanto maior for a densidade da cobertura vegetal em uma determinada área, menor será a reflectância na região do visível, em razão da maior oferta de pigmentos fotossintetizantes. Por outro lado, maior será a reflectância verificada na região do infravermelho próximo, por causa do espalhamento múltiplo da radiação eletromagnética nas diferentes camadas de folhas. Para uma melhor visualização do que está sendo descrito, a Fig. 3.4 apresenta um gráfico contrapondo valores de reflectância na região do visível e do infravermelho próximo, em um espaço bidimensional, análogo ao conceito de Greenness e Brigthness, já apresentado.

Observa-se que a distribuição da reflectância no espaço bidimensional segue um padrão dependente das propriedades espectrais dos objetos mais frequentemente encontrados em uma cena observada em nível orbital. Por exemplo, em se tratando dos recursos naturais, seriam a água, o solo e a vegetação. Cada um desses elementos da cena ocorre em proporções diferenciadas dentro de um mesmo *pixel* das imagens geradas, e aqueles *pixels* que contêm as proporções mais "puras" de um desses elementos estarão localizados nos extremos dessa distribuição de pontos, a qual frequentemente assume a forma de um triângulo ou de um chapeuzinho de gnomo. Na porção inferior esquerda (valores mais baixos de reflectância tanto no visível como no infravermelho próximo) dessa distribuição de pontos estariam localizados os *pixels* dentro dos quais estariam os corpos d'água e as regiões sombreadas da cena. No vértice inferior direito estariam aqueles *pixels* representativos dos solos mais expostos, apresentando valores "médios" de reflectância nas duas faixas espectrais mencionadas. No vértice superior estariam os *pixels* ocupados pelas maiores proporções de cobertura vegetal, os quais apresentariam, então, valores baixos de reflectância na região do visível e valores altos na região do infravermelho próximo. Os *pixels* ocupados por valores intermediários das proporções de cada um desses elementos estariam localizados também em posições intermediárias dentro dessa distribuição, mais ou menos distantes dos vértices. Trataremos mais detalhadamente sobre a composição proporcional dos elementos que compõem uma cena dentro de um *pixel* quando discutirmos a técnica de mistura espectral. Por ora, limitemo-nos a compreender que nesse espaço bidimensional de atributos, nos vértices desse triângulo, serão encontrados os *pixels* com as proporções mais puras de um determinado elemento da cena.

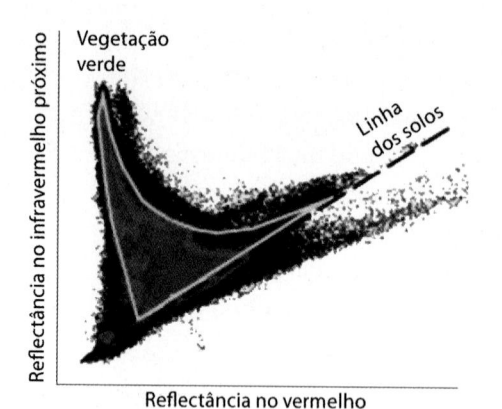

Fig. 3.4 IVP x visível
Fonte: adaptado de <http://www.microimages.com/documentation/cplates/71TASCAP.pdf>.
(versão colorida - ver prancha 9)

Com base nessa premissa, se os valores de reflectância da imagem da banda do infravermelho próximo fossem divididos (algebricamente) pelos mesmos valores da banda do visível, teríamos como resultado valores numéricos proporcionais às diferenças de reflectância em cada um dos eixos desse espaço bidimensional. Assim, *pixels* referentes a corpos d'água (localizados então no vértice inferior esquerdo, próximo à origem) resultariam em valores entre zero e um, uma vez que sua dispersão ao longo dos dois eixos se dá em uma amplitude de valores de reflectância muito próximos entre si. *Pixels* referentes a solo exposto (vértice inferior direito) resultariam em valores também oscilando entre zero e um, em razão da relativa proximidade entre os valores de reflectância nas duas regiões espectrais em questão. Finalmente, valores de *pixels* referentes à cobertura vegetal, posicionados no vértice superior do triângulo, resultariam em valores maiores do que um, pois os valores de reflectância do infravermelho próximo seriam sempre superiores àqueles da região do visível. Dessa forma, conclui-se que as áreas cobertas por vegetação assumiriam os maiores valores de brilho em uma razão de bandas como essa que foi descrita.

Para a geração das imagens índice de vegetação é importante a transformação dos números digitais para valores de FRB, de modo a obter valores comparáveis com os trabalhos disponíveis na literatura. Além disso, vale salientar que a não conversão dos números digitais das imagens em valores físicos – como radiância ou FRB – na elaboração de imagens índice de vegetação pode levar a erro grave, pois os números digitais não estão em uma mesma escala radiométrica nas diferentes bandas, o que implica que um determinado valor de número digital, em uma determinada imagem de uma banda espectral específica, não corresponde à mesma intensidade de radiação medida ou representada pelo mesmo valor de número digital em uma imagem de outra banda espectral. Sendo assim, a razão descrita anteriormente estaria sendo feita com dados que representariam coisas diferentes por estarem em escalas diferentes. Valores diferentes de índices também serão obtidos antes e após a correção atmosférica, pois o espalhamento atmosférico adiciona quantidades de radiação diferentes à resposta espectral da vegetação nas bandas do vermelho e do infravermelho próximo. Em suma, recomenda-se não proceder ao cálculo de índices de vegetação sem, antes, converter os dados das imagens em valores físicos como radiância ou reflectância de superfície.

Vimos que a reflectância espectral característica da vegetação verde sadia mostra um evidente contraste entre a região do visível e a região do infravermelho próximo. Em geral, pode-se considerar que quanto maior for esse contraste, maior vigor terá a cobertura vegetal imageada. Por que incluímos agora a região específica do vermelho em substituição à do visível? A resposta está na relativa menor influência dos efeitos da atmosfera e na maior absorção da radiação eletromagnética pela ação da clorofila, que se verifica nessa faixa espectral em relação às demais referentes à região do visível. Sabe-se que, quanto menores forem os comprimentos de onda, maior será a interferência da atmosfera. Por isso, privilegia-se a região do vermelho em detrimento à do azul e à do verde.

Entre as primeiras publicações que reportam o uso da diferença entre as reflectâncias registradas no infravermelho próximo e no vermelho para estimativas de biomassa ou para índices de área foliar, encontram-se os trabalhos de Jordan (1969), Pearson e Miller (1972), Colwell (1974) e Tucker (1979). Esse é o princípio em que se baseiam os índices de vegetação que combinam a informação registrada nessas duas bandas ou regiões do espectro eletromagnético. A seguir, são apresentados os principais índices de vegetação disponíveis na literatura.

Índice de Vegetação da Razão Simples (Simple Ratio - SR)

A razão simples foi o primeiro índice a ser usado (Jordan, 1969). É obtido pela divisão de valores de FRB referentes à região do infravermelho próximo por valores de FRB correspondentes à região do vermelho, segundo a equação:

$$SR = \rho_{IVP} / \rho_V \qquad (3.6)$$

Onde:

ρ_{IVP} = FRB no infravermelho próximo;

ρ_V = FRB no vermelho.

Entretanto, para áreas densamente vegetadas, a quantidade de radiação eletromagnética refletida, referente à região do vermelho aproxima-se de valores muito pequenos, e essa razão, consequentemente, aumenta sem limites.

Índice de Vegetação da Diferença Normalizada (Normalized Difference Vegetation Index - NDVI)

Rouse et al. (1973) normalizaram a razão simples para o intervalo de -1 a +1, propondo o *índice de vegetação da diferença normalizada* (NDVI). Para alvos terrestres, o limite inferior é de aproximadamente zero (0), e o limite superior, de aproximadamente 0,80. A normalização é feita por meio da seguinte equação:

$$NDVI = (\rho_{IVP} - \rho_V) / (\rho_{IVP} + \rho_V) \qquad (3.7)$$

Onde:

ρ_{IVP} = FRB no infravermelho próximo;

ρ_V = FRB no vermelho.

Como ferramenta para o monitoramento da vegetação, o NDVI é utilizado para construir perfis sazonais e temporais das atividades da vegetação, permitindo comparações interanuais desses perfis. O perfil temporal do NDVI tem sido utilizado para detectar atividades sazonais e fenológicas, duração do período de crescimento, pico de verde, mudanças fisiológicas das folhas e períodos de senescência.

Trata-se de um índice amplamente utilizado até os dias atuais, tendo sido explorado com diferentes abordagens em estudos climáticos e de culturas agrícolas e florestais. Vale salientar, entretanto, que, apesar do relativo sucesso de sua aplicação em estudos de vegetação, sua interpretação deve levar em consideração vários fatores limitantes. Esses fatores incluem, por exemplo, os já mencionados pontos de saturação, que se manifestam de forma diferenciada nas faixas espectrais do vermelho e do infravermelho próximo; a interferência atmosférica, também diferenciada nessas duas regiões espectrais; o posicionamento do centro e, por fim, a largura de cada banda (tanto no vermelho como no infravermelho próximo), que varia conforme os sensores.

Além desses aspectos, o usuário deve ainda considerar a resolução espacial do sensor com o qual está trabalhando, pois os resultados para uma mesma cena e data de aquisição de dados podem variar dramaticamente em função dessa variável, que afeta a pureza espectral ou composição do *pixel*.

A Fig. 3.5 mostra a mesma composição colorida do pantanal de Nhecolândia (MS) apresentada no Cap. 2, a imagem NDVI da área correspondente, elaborada a partir de imagens ETM+.

Os níveis de cinza da imagem NDVI apresentada na Fig. 3.5 encontram-se escalonados entre 0 e 255 (8 *bits*), o que significa que a imagem apresenta diferentes tons de cinza, os quais estão relacionados a valores de NDVI que variam entre -1 e +1. Assim, os tons de cinza mais claros estão relacionados aos valores mais elevados de NDVI, enquanto os mais escuros, aos valores mais baixos. Os valores mais elevados estão relacionados às áreas com maior quantidade de vegetação fotossinteticamente ativa, enquanto os mais escuros representam as áreas com menor quantidade de vegetação.

Na Fig. 3.5, a imagem NDVI, quando comparada com a composição colorida, apresenta alguma correlação entre os tons de cinza mais claros (maiores valores de NDVI) e os tons alaranjados da composição colorida (áreas ocupadas por vegetação de porte arbóreo). Tal relação é consistente, pois os tons mais claros da imagem NDVI representam as formações vegetais com maior vigor ou densidade de cobertura na cena em questão.

É importante destacar os já comentados aspectos relacionados à saturação dos valores de FRB referentes às regiões do vermelho e do

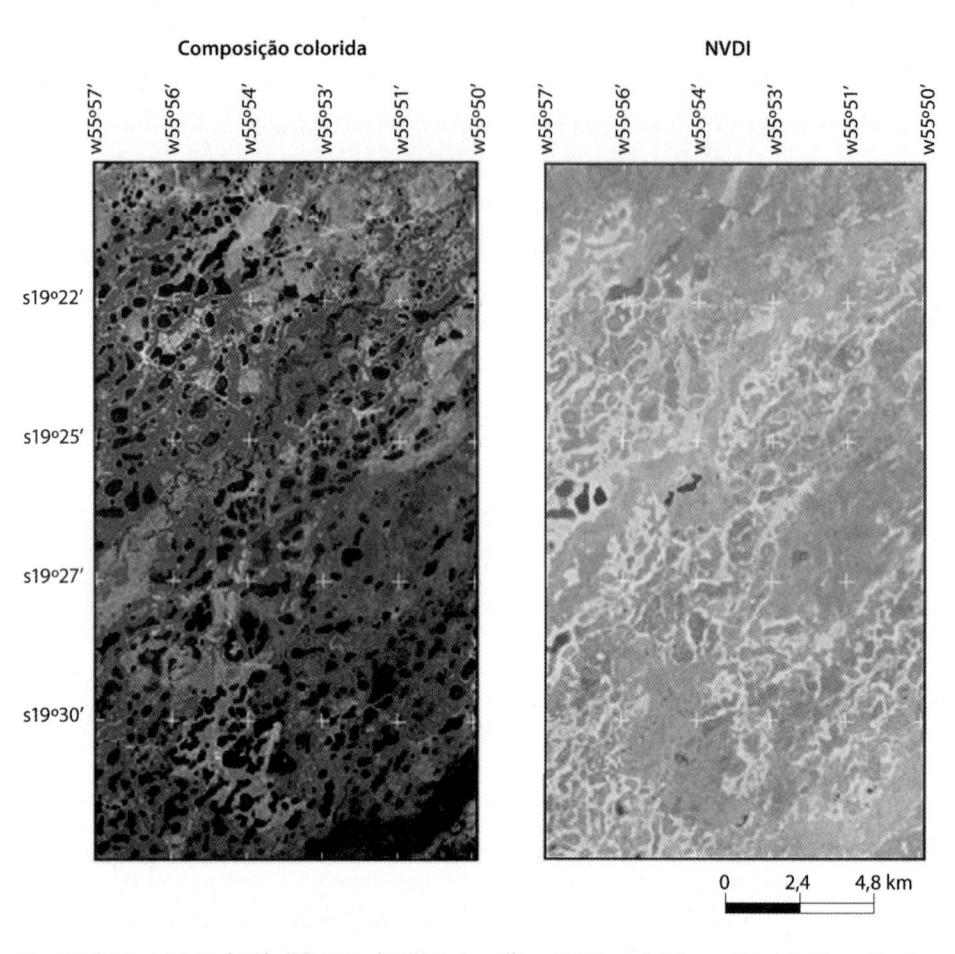

Fig. 3.5 Composição colorida (ETM3-azul, ETM4-vermelho e ETM5-verde) do pantanal de Nhecolândia (MS) e imagem NDVI correspondente a essa cena (versão colorida - ver prancha 10)

infravermelho próximo, segundo o desenvolvimento ou a densidade da vegetação. Esses pontos de saturação limitam fortemente o comportamento esperado do índice em relação à densidade da cobertura vegetal, por exemplo. Ainda, conforme já vimos, a reflectância bidirecional de dosséis vegetais nessas duas regiões espectrais é fortemente influenciada por sombras, além da influência de parâmetros biofísicos. Dessa forma, a relação esperada entre o NDVI e a biomassa, por exemplo, pode não ser identificada para alguns tipos de cobertura vegetal ou ângulos de observação e de iluminação.

Para exemplificar o que estamos tratando, basta imaginar uma cena na qual tenhamos florestas primárias (florestas em estágio de clímax ou de regeneração avançada) e secundárias em diferentes estágios de regeneração. Segundo o que vimos até aqui sobre o NDVI, o que deveríamos esperar: valores elevados de NDVI para as florestas primárias e valores menores para as secundárias? Se você respondeu sim a essa pergunta, pode ter cometido um equívoco. De fato, de acordo com o que vimos na formulação e na concepção do NDVI, a resposta estará certa para os casos em que a cobertura vegetal não apresenta densidade tal capaz de promover a ocorrência de pontos de saturação em qualquer uma das bandas espectrais em questão e, ainda, as sombras não ocasionarem oscilações inesperadas nos valores de FRB, criando um comportamento de respostas "anômalas". Nesse caso em particular (florestas primárias em oposição a florestas secundárias), a total inversão da interpretação dos valores de NDVI é comum, ou seja, valores maiores ocorrerão nas formações secundárias em relação àqueles assumidos pelas florestas primárias, principalmente em razão da maior ocorrência de sombras no interior do dossel das florestas primárias, em comparação com as secundárias.

Pela sua formulação, é fácil perceber que os cálculos podem ser feitos a partir de dados das regiões do vermelho e do infravermelho próximo oriundos de qualquer sensor. Dependendo da resolução espectral e radiométrica do sensor, os valores de NDVI apresentarão características e dinâmicas próprias em relação a dados calculados por outros sensores, ou seja, é muito importante observar as características espectrais e radiométricas do sensor do qual estamos extraindo os dados para o cálculo desse índice.

Índice de Vegetação Perpendicular (Perpendicular Vegetation Index - PVI)
Richardson e Wiegand (1977) propuseram um índice a partir da informação das bandas 5 (vermelho) e 7 (infravermelho próximo) do sensor MSS, conhecido como *índice de vegetação perpendicular* (PVI):

$$PVI = \alpha\rho_{IVP} - \beta\rho_{V} \qquad (3.8)$$

ONDE:
ρ_{IVP} = FRB no infravermelho próximo;
ρ_V = FRB no vermelho;
α e β = parâmetros da linha do solo.

A linha do solo é um limite abaixo do qual a reflectância refere-se ao solo desnudo. Para obter a linha do solo, plotam-se os valores de FRB de superfície provenientes de imagens das bandas do vermelho *versus* infravermelho próximo para cada um dos *pixels* de uma imagem de satélite ou qualquer outro produto de sensoriamento remoto. Os pontos situados no limite inferior do gráfico referem-se aos valores dos *pixels* que contêm informações de superfícies com solo totalmente exposto, ou seja, com IAF = zero. A linha originada por esses pontos é denominada linha do solo.

Índice de Vegetação Ajustado para o Solo (Soil Adjusted Vegetation Index – SAVI)
As características do solo têm uma influência considerável no espectro de radiação proveniente de dosséis vegetais esparsos e, consequentemente, no cálculo dos índices de vegetação (Huete, 1988). Assim, em numerosos estudos, o brilho do solo (principalmente em substratos de solos escuros) tem mostrado um aumento no valor de índices de vegetação como o SR (razão simples) e o NDVI.

Huete, Jackson e Post (1985) verificaram que a sensibilidade dos índices de vegetação em relação ao material de fundo (solo) é maior em dosséis com níveis médios de cobertura vegetal (50% de cobertura verde). Por isso, introduz-se, no SAVI, uma constante "L" que tem a função de minimizar o efeito do solo no resultado final do índice. Essa constante foi estimada a partir de considerações feitas por Huete (1988) e introduzida nas medições experimentais da reflectância calculada para as bandas do infravermelho próximo e do vermelho em duas culturas agrícolas: algodão e pastagem. Assim, a fórmula para o cálculo do SAVI fica:

$$SAVI = [(\rho_{nir} - \rho_r) / (\rho_{nir} + \rho_r + L)] \cdot (1 + L) \qquad (3.9)$$

Onde:
L = constante que minimiza o efeito do solo e pode variar de 0 a 1.

Segundo Huete (1988), os valores ótimos de L são:
L = 1 (para densidades baixas de vegetação);
L = 0,5 (densidades médias);
L = 0,25 (densidades altas).

De forma geral, o fator L = 0,5 oferece um índice espectral superior ao NDVI e ao PVI para um amplo intervalo de condições de vegetação, mas sua limitação é a necessidade de ser analisado para diferentes biomas e situações agrícolas (Huete, 1988).

Índice de Vegetação Resistente à Atmosfera (Atmospherically Resistant Vegetation Index – ARVI)

Esse índice foi proposto e desenvolvido por Kaufman e Tanré (1992) para ser aplicado no sensoriamento remoto da vegetação no sensor Moderate Resolution Imaging Spectroradiometer (Modis-EOS), com o objetivo de reduzir a dependência do antigo NDVI às condições atmosféricas. Na formulação desse índice, são usadas imagens das bandas do azul, do vermelho e do infravermelho próximo.

Segundo Kaufman e Holben (1993), a reflectância da vegetação detectada na região do vermelho é menor do que na faixa do infravermelho e, portanto, mais sensível aos efeitos atmosféricos. Em consequência, o esforço em redefinir o NDVI é dirigido à tentativa de reduzir o efeito da atmosfera na região do vermelho.

Nesse novo índice, no lugar da radiância normalizada na região do vermelho, como no NDVI, é usada a radiância normalizada vermelho-azul ρ_{rb}, que é mais "resistente" aos efeitos atmosféricos.

Portanto, a formulação do ARVI passa a ser:

$$ARVI = (\rho_{nir} - \rho_{rb}) / (\rho_{nir} + \rho_{rb}) \tag{3.10}$$

Onde:

$\rho_{rb} = \rho_r - \gamma(\rho_b - \rho_r)$;

γ = parâmetro não específico, que depende do tipo de aerossol; tem como objetivo reduzir o efeito atmosférico.

Segundo os autores, depois de vários cálculos feitos com ARVI, o valor ótimo para aplicações de sensoriamento remoto é $\gamma = 1$, que define o peso da radiância da banda azul na definição do ARVI.

O ARVI é, em média, quatro vezes menos sensível aos efeitos atmosféricos do que o NDVI, sendo mais favorável para superfícies totalmente cobertas pela vegetação, para as quais a influência do efeito atmosférico é maior do que para os solos. O índice é melhor para partículas de aerossol de tamanho pequeno ou médio (*smoke* urbano, continental) do que para partículas maiores (aerossol marítimo, poeira) (Kaufman et al., 1992).

Índice Global de Monitoramento Ambiental (Global Environment Monitoring Index – GEMI)

Pinty e Verstraete (1992) analisaram a influência da atmosfera em índices de vegetação como o SR e o NDVI.

Uma vez que, no caso do sensor AVHRR-Noaa, a influência da atmosfera é maior na banda 1 (vermelho) do que na banda 2 (infravermelho próximo), Pinty e Verstraete (1992) propuseram um novo índice para o monitoramento global da vegetação, o GEMI (*índice global de monitoramento ambiental*), o qual foi concebido para minimizar a influência dos efeitos atmosféricos no valor final do índice. Em relação aos efeitos atmosféricos, o novo índice imaginado deveria ter as características descritas a seguir.

A "transmissão" é definida como a razão entre o índice de vegetação no topo da atmosfera e o seu valor máximo na superfície terrestre (isto é, próximo de 1) e deve atender aos seguintes requisitos:

1] ser o mais insensível possível em relação aos diferentes valores do índice;
2] ser o mais insensível possível em relação às variações da espessura óptica da atmosfera;
3] ter uma ampla faixa de variação;
4] ser empiricamente representativa da cobertura da vegetação, de forma comparável ao SR e ao NDVI.

O cálculo desse índice é dado por:

$$\text{GEMI} = \eta(1 - 0,25\eta) - \frac{\rho_r - 0,125}{1 - \rho_r} \qquad (3.11)$$

Onde:

$$\eta = \frac{2(\rho^2_{nir} - \rho^2_r) + 1{,}5\rho_{nir} + 0{,}5\rho_r}{\rho_{nir} + \rho_r + 0{,}5}$$

Os valores do novo índice variam entre 0 e +1 sobre áreas continentais.

Índice de Vegetação Melhorado (Enhanced Vegetation Index – EVI)
O índice de vegetação melhorado (EVI) foi desenvolvido para otimizar o sinal da vegetação, melhorando a sensibilidade de sua detecção em regiões com maiores densidades de biomassa, e para reduzir a influência do sinal do solo e da atmosfera sobre a resposta do dossel. Nesse sentido, o EVI é calculado por meio da seguinte equação (Justice et al., 1998):

$$\text{EVI} = G(\text{NIR} - \text{Vermelho}) / (L + \text{NIR} + C1\ \text{vermelho} - C2\ \text{azul}) \quad (3.12)$$

Onde:
L é o fator de ajuste para o solo; G, o fator de ganho; e C1 e C2, os coeficientes de ajuste para efeito de aerossóis da atmosfera. Os valores dos coeficientes adotados pelo algoritmo do EVI são: L = 1, C1 = 6, C2 = 7,5 e G = 2,5 (Huete et al., 1997; Justice et al., 1998).

A Fig. 3.6 mostra as imagens NDVI e EVI da América do Sul. Como se pode ver, a imagem do EVI apresenta maior contraste entre a floresta amazônica e a região dos cerrados.

3.4.2 Mistura espectral

Como vimos anteriormente, os sensores medem a radiância espectral refletida ou emitida por objetos presentes na superfície terrestre. O registro dessa intensidade de energia refletida ou emitida por um objeto é feito dentro de um elemento de resolução que comumente recebe o nome de *pixel* (*picture element*). Dentro desse *pixel* podem estar incluídos diferentes objetos ou elementos da cobertura superficial. Isso gera o que chamamos de mistura espectral, ou seja, a resposta espectral de um *pixel* da imagem é resultado da combinação da resposta espectral dos componentes que formam esse *pixel*.

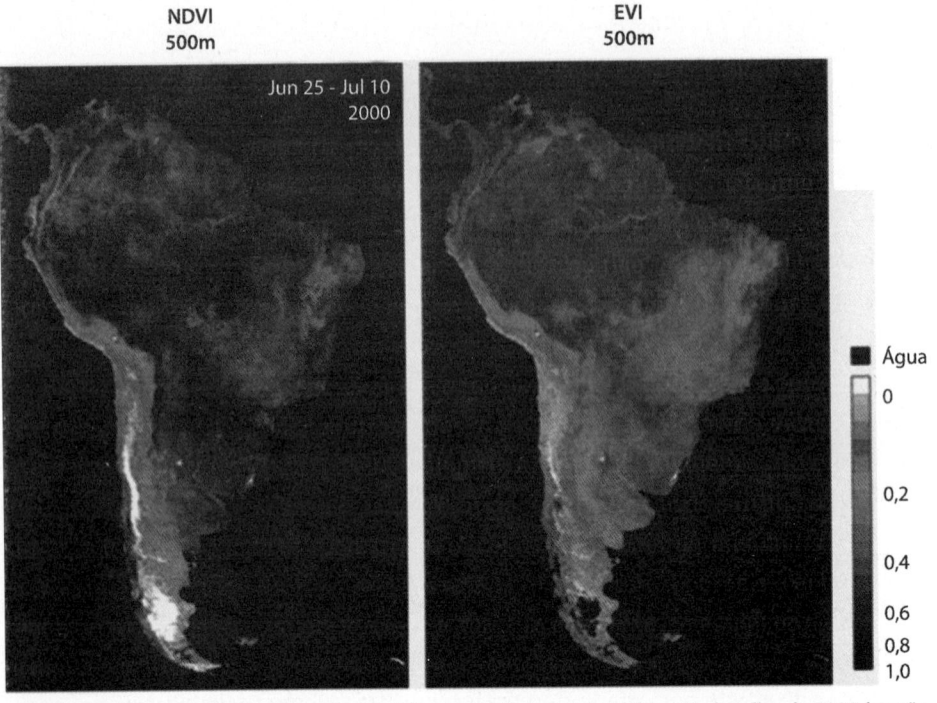

Fig. 3.6 Imagens NDVI e EVI da América do Sul no período de 25 de junho a 10 de julho de 2000 (versão colorida - ver prancha 11)

Conceitos básicos

Com as informações apresentadas até agora, podemos dizer que o valor associado a cada *pixel* de uma imagem representa a radiância média de objetos presentes na superfície em uma dada faixa (banda) espectral, mais a interferência da atmosfera, que pode ser expressa pelos fenômenos de absorção e de espalhamento, dependendo da região espectral que se esteja estudando. É importante considerar também que, dependendo do sistema sensor e da altitude da plataforma que o sustenta, o tamanho do *pixel* varia, ou seja, a resolução espacial do sensor varia. A radiância registrada pelo sensor depende basicamente, então, das características específicas do próprio sensor, das propriedades físico-químicas dos objetos contidos dentro do *pixel* e da interferência atmosférica. Diz-se, portanto, que a radiância medida será explicada pela mistura de diferentes materiais, mais a contribuição atmosférica. Assim sendo, o que é detectado pelo sensor não será representativo de qualquer um dos materiais que compõem um *pixel*, a não ser que dentro dele esteja presente exclusivamente um único objeto. A todo esse contexto é atribuído o termo *mistura espectral*.

A mistura espectral tem sido considerada desde o início da década de 1970. Seu grau de complexidade geralmente aumenta quando se tenta identificar (classificar) corretamente um dado elemento de resolução (*pixel*) que contém uma mistura de materiais existentes na superfície imageada, tais como solo, vegetação, rochas e água, entre outros. A não uniformidade da maioria das cenas tomadas do meio ambiente geralmente resulta em um grande número de componentes na mistura espectral. O problema torna-se ainda mais complicado pelo fato de que a proporção de materiais específicos dentro do *pixel* pode variar de um *pixel* para outro. Como consequência, surgem sérias restrições à aplicação de técnicas de classificação digital de imagens orbitais que se fundamentam exclusivamente no domínio espectral (radiométrico), pois elas consideram que um dado *pixel* contém uma medida de radiância de um único objeto, ou seja, que se trata de uma medida radiométrica "pura". Essa condição é praticamente impossível.

A identificação/classificação e a estimativa de área de diferentes tipos fisionômicos de cobertura vegetal mediante o uso de imagens de "resolução média" – termo utilizado para sensores como Landsat MSS, TM e ETM+, entre outros, que surgiu após o advento dos sensores de resolução espacial fina (métrica ou submétrica), designados de sensores de "alta resolução espacial" – têm sido realizadas com algum grau de sucesso em locais onde a cobertura vegetal é uniforme e homogênea. A classificação precisa de florestas decíduas e de coníferas tem sido reportada na literatura. Por outro lado, em áreas onde a cobertura vegetal não é homogênea, especialmente nos limites entre diferentes fisionomias, a precisão da classificação pode ser grandemente reduzida. Isso indica que os limites da resolução espacial dos dados multiespectrais podem colocar restrições na utilidade desses tipos de dados para aplicações específicas. Técnicas de amostragem por multiestágio com probabilidade de seleção proporcional à área são um exemplo de como essa problemática acarreta limitações em aplicações de recursos florestais. Essa técnica, que tem sido usada por diversos autores, é sensível a erros na estimativa inicial das áreas cobertas por cada tipo de vegetação classificada. Por exemplo, o resultado da avaliação do volume de madeira depende diretamente da área calculada da floresta que está sendo estudada. Portanto, a limitada utilidade dos dados multiespectrais aumenta parcialmente com o problema de mistura espectral.

Vê-se, portanto, que o principal problema associado à mistura espectral está relacionado matematicamente ao problema da identificação de um *pixel* dito puro, do qual possa ser extraída a curva espectral (de reflectância ou, mais especificamente, de FRB) de um determinado componente da cena imageada. Vamos, então, detalhar mais algumas possibilidades da mistura espectral. Existem duas possibilidades principais que a explicam: a) quando os objetos são muito menores do que o *pixel*, caso em que a radiância medida pelo sensor é composta por uma mistura de radiação de todos os objetos contidos dentro do *pixel*; b) quando o campo de visada instantâneo cobre os limites entre dois ou mais objetos. Nesses dois casos, os sinais registrados pelo sensor não são representativos de nenhum dos materiais presentes no *pixel*, mas sim da mistura desses sinais.

Uma representação real do problema de mistura espectral pode ser observada na Fig. 3.7 (imagem orbital), que mostra uma imagem do sensor TM/Landsat 5 (30 m de resolução espacial), além de uma grade representativa da resolução espacial de uma imagem do sensor AVHRR/Noaa (1,1 km de resolução espacial).

Como se pode observar na Fig. 3.7 (p. 102), os *pixels* do sensor AVHRR incluem diferentes componentes (p.ex., água, floresta, solo exposto, nuvem). Portanto, os valores dos números digitais desses *pixels* serão representativos e proporcionais à radiância média (mistura) de todos os objetos contidos dentro de cada *pixel*.

Vamos saber um pouco mais sobre como tratar esse problema de mistura espectral, que passa então a ser encarado não mais como um problema, mas como uma fonte para extração de informações, como veremos a seguir.

Modelo linear de mistura espectral

A mistura espectral, dependendo das características específicas dos alvos no terreno, pode ser linear ou não linear. Apenas o modelo linear será considerado aqui, por ser amplamente utilizado pelos pesquisadores e apresentar resultados consistentes. Seguindo essa abordagem, a resposta espectral em cada *pixel*, em qualquer banda de um sensor, pode ser imaginada como uma combinação linear das respostas espectrais de cada componente presente na mistura. Então, cada *pixel* da imagem, que pode assumir qualquer valor dentro da escala de nível de cinza (2^n bits), contém informações sobre a proporção (quantidade) e a resposta espectral de cada componente dentro da unidade de resolução no terreno. Portanto, para qualquer imagem multiespectral gerada por qualquer sistema sensor, conhecida a proporção dos componentes, será possível estimar a resposta espectral de cada um desses componentes. Similarmente, se essa resposta for conhecida, então a proporção de cada componente na mistura poderá ser estimada.

O modelo de mistura espectral pode ser escrito como:

$$\begin{aligned} r_1 &= a_{11}\ x_1 + a_{12}\ x_2 + \ldots + a_{1n}\ x_n + e_1 \\ r_2 &= a_{21}\ x_1 + a_{22}\ x_2 + \ldots + a_{2n}\ x_n + e_2 \\ &\ \ \vdots \\ r_m &= a_{m1}\ x_1 + a_{m2}\ x_2 + \ldots + a_{mn}\ x_n + e_m \end{aligned} \qquad (3.13)$$

ou

$$r_i = \sum_{j=1}^{n} (a_{ij}\ x_j) + e_i \qquad (3.14)$$

ONDE:
r_i = reflectância espectral média para a i-ésima banda espectral;
a_{ij} = reflectância espectral da j-ésima componente no *pixel* para a i-ésima banda espectral;
x_j = valor de proporção da j-ésima componente no *pixel*;
e_i = erro para a i-ésima banda espectral;
j = 1,2, ..., n (n = número de componentes assumidos para o problema);
i = 1,2, ..., m (m = número de bandas espectrais para o sistema sensor).

Conforme mencionado no parágrafo anterior, esse modelo assume que a resposta espectral (na Eq. 3.14, expressa como reflectância) dos *pixels* são combinações lineares da resposta espectral dos componentes dentro do *pixel*. Para resolver a Eq. 3.14, é necessário ter a reflectância espectral do *pixel* em cada banda (r_i) e a reflectância espectral de cada componente em cada banda (a_{ij}), caso os valores de proporção sejam estimados,

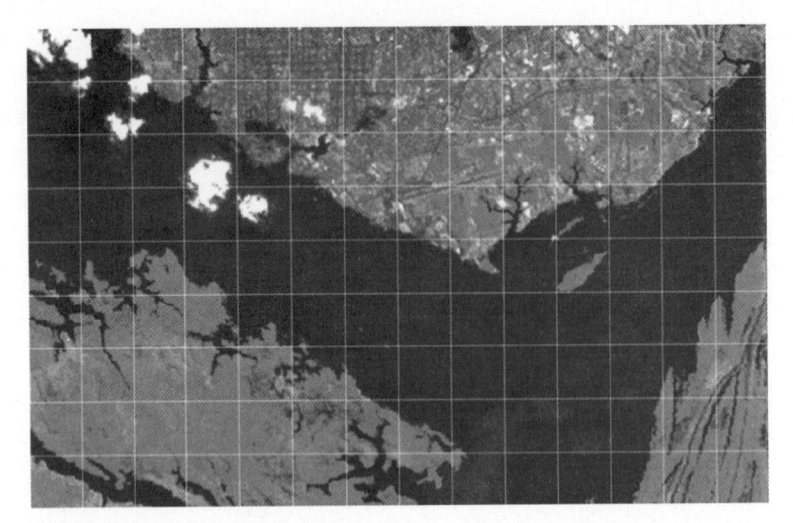

Fig. 3.7 Imagem TM/Landsat 5 (R5 G4 B3) da região de Manaus (AM) e uma grade correspondente ao tamanho dos *pixels* do AVHRR (1,1 km x 1,1 km) (versão colorida - ver prancha 12)

ou vice-versa. Como pode ser visto, o modelo linear de mistura espectral é um exemplo típico de problema de inversão (medidas indiretas) em sensoriamento remoto. A seguir, discutiremos alguns conceitos de problema de inversão e três abordagens matemáticas para a solução desse sistema de equações lineares.

a) **Problema de inversão**: o modelo de mistura espectral sem o termo relativo ao erro definido acima pode ser reescrito na forma de matriz:

$$R = A\,x \qquad (3.15)$$

ONDE:
A é uma matriz de m linhas por n colunas contendo dados de entrada, representando a reflectância espectral de cada componente; R é um vetor de m colunas, representando a reflectância do *pixel* medida pelo sistema sensor; e x é um vetor de n colunas, representando os valores de proporção de cada componente na mistura (variáveis a estimar).

O procedimento para resolver um problema de sensoriamento remoto como o da Eq. 3.15 é chamado de problema de inversão ou método de medidas indiretas. Nesse caso, a reflectância espectral média do *pixel* (R) é assumida como dependente linear da reflectância espectral de cada componente (A). Portanto, o valor de proporção (x_j) será zero se os respectivos a_{ij} e r_i não forem dependentes entre si.

Inversões numéricas podem produzir resultados matematicamente corretos, mas fisicamente inaceitáveis. É importante entender que a maioria dos problemas de inversão física é ambígua, uma vez que eles não têm uma solução única, e uma discreta solução razoável é alcançada pela imposição adicional de condições de contorno.

Em sensoriamento remoto, os usuários normalmente estão interessados em conhecer o estado de uma (ou de várias) quantidade física, biológica ou geográfica, tais como a biomassa de uma cultura agrícola específica, a quantidade de um gás poluente na atmosfera ou a extensão e o estado da cobertura global de neve numa determinada data. Entretanto, somente em casos excepcionais a distância entre o objeto de interesse e o sistema sensor utilizado permite a medida direta da quantidade desejada.

b] **Métodos matemáticos para a inversão do modelo**: para a solução de sistema de equações lineares que representa o nosso modelo de mistura espectral, existem várias abordagens matemáticas baseadas no método dos mínimos quadrados. A seguir serão apresentados três algoritmos que estão disponíveis nos atuais aplicativos de processamento de imagens (Spring, Envi, PCI etc.).

b.1] **Mínimos quadrados com restrição (Constrained Least Squares - CLS)**
Este método estima a proporção de cada componente dentro do *pixel*, minimizando a soma dos erros ao quadrado. Os valores de proporção devem ser não negativos e somar 1. Para solucionar esse problema, foi desenvolvido um método de solução quase fechada (p.ex., um método que encontra a solução por meio de aproximações que satisfaçam as restrições). Nesse caso, o método apresentado considera três componentes dentro do *pixel*. A extensão desse método para quatro ou mais componentes dentro do *pixel* é possível, mas apresenta uma complexidade maior. Assim, o modelo de mistura pode ser reescrito como:

$$e_i = r_i - \Sigma(a_{ij}\ x_j) \qquad (3.16)$$

Nesse caso, a função a ser minimizada é:

$$F = \sum e_i^2 \qquad (3.17)$$

ONDE:
$i = 1, 2,....$ m é o número de bandas espectrais do sensor utilizado (p.ex., m = 4 para o MSS, ou m = 6 para o TM do Landsat). Agora, considerando a primeira restrição, isto é, $x_1 + x_2 + x_3 = 1$ ou $x_3 = 1 - x_1 - x_2$ e substituindo x_3 na Eq. 3.17, a função a ser minimizada é:

$$F = A_1 \; x_{12} + A_2 \; x_{22} + A_3 \; x_1 \; x_2 + A_4 \; x_1 + A_5 \; x_2 + A_6 \qquad (3.18)$$

Os coeficientes A_1 a A_6 são funções dos valores de reflectância; aij, os valores de reflectância dos componentes e r_i, os valores de reflectância do *pixel*.

A abordagem para solucionar esse problema é encontrar um valor mínimo dentro da área definida pelas retas: $0 \leq x_1 \leq a$, $0 \leq x_2 \leq b$, e $x_1/a + x_2/b = 1$, onde $a = b = 1$ (Fig. 3.8).

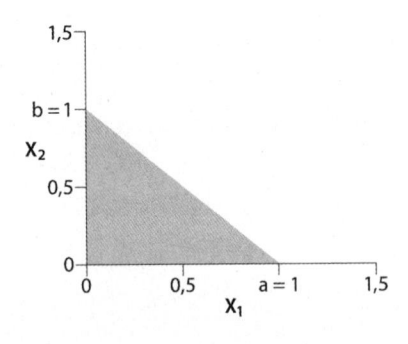

Fig. 3.8 Região que atende às restrições para o número de componentes igual a três

Considerando a função a ser minimizada, de maneira a encontrar o valor mínimo, as derivadas parciais são calculadas e igualadas a zero:

$$DF/dx_1 = 2 \; A_1 \; x_1 + A_2 \; x_2 + A_4 = 0 \qquad (3.19)$$

$$DF/dx_2 = 2 \; A_2 \; x_2 + A_3 \; x_1 + A_5 = 0 \qquad (3.20)$$

Resolvendo para x_1 e x_2:

$$x_1 = (A_3 \; A_5 - 2 \; A_2 \; A_4)/(4 \; A_1 \; A_2 - A_{32}) \qquad (3.21)$$

$$x_2 = (A_3 \; A_4 - 2 \; A_1 \; A_5)/(4 \; A_1 \; A_2 - A_{32}) \qquad (3.22)$$

Então, existem cinco situações possíveis (Tab. 3.1), descritas a seguir.

Tab. 3.1 Situações possíveis para a solução do sistema de equações

Situação	x_1	x_2	Dentro da região	Valores a serem calculados	x_3
1	+	+	sim	-	$1-x_1-x_2$
2	+	+	não	x_1 e x_2	0
3	-	+	não	x_2 ($x_1=0$)	$1-x_2$
4	-	-	não	$x_1=x_2=0$	1
5	+	-	não	x_1 ($x_2=0$)	$1-x_1$

1] Situação 1 (valor mínimo dentro da região de interesse). Então, essa é a solução final e $x_3 = 1 - x_1 - x_2$.

2] Situação 2 (valor mínimo fora da região e x_1 e x_2 são positivos). Nesse caso, o valor mínimo restrito é procurado na reta definida por $x_1 + x_2 = 1$ (isto é, $x_3 = 0$). Agora, fazendo $x_2 = 1 - x_1$, a função a ser minimizada é:

$$F = (A_1 + A_2 - A_3) x_{12} + (A_3 + A_4 - A_5 - 2 A_2) x_1 + (A_2 + A_5 + A_6) \qquad (3.23)$$

O valor mínimo será obtido por:

$$Df/dx_1 = 2(A_1 + A_2 - A_3) x_1 + (A_3 + A_4 - A_5 - 2 A_2) = 0 \qquad (3.24)$$

Então:

$$x_1 = -(A_3 + A_4 - A_5 - 2 A_2) / (2(A_1 + A_2 - A_3)) \qquad (3.25)$$

Se $x_1 > 1$, então faça $x_1 = 1$, ou se $x_1 < 0$, faça $x_1 = 0$ e $x_2 = 1 - x_1$.

3] Situação 3 (valor mínimo fora da região, x_1 é negativo e x_2 é positivo). Nesse caso, fazendo $x_1 = 0$, a função a ser minimizada torna-se:

$$F = A_2 x_{22} + A_5 x_2 + A_6 \qquad (3.26)$$

Resolvendo para encontrar o mínimo, $x_2 = -A_5/2 A_2$. Se $x_2 > 1$, então faça $x_2 = 1$, ou se $x_2 < 0$, faça $x_2 = 0$ e $x_3 = 1 - x_2$.

4] Situação 4 (valor mínimo fora da região e x_1 e x_2 são negativos). Nesse caso, x_1 e x_2 são igualados a zero e $x_3 = 1$.

5] Situação 5 (valor mínimo fora da região, x_1 é positivo e x_2 é negativo). Nesse caso, fazendo $x_2 = 0$, a função a ser minimizada torna-se:

$$F = A_1 x_{12} + A_4 x_1 + A_6 \tag{3.27}$$

Resolvendo para encontrar o mínimo, $x_1 = -A_4/2 A_1$. Se $x_1 > 1$, então faça $x_1 = 1$, ou se $x_1 < 0$, faça $x_1 = 0$ e $x_3 = 1 - x_1$.

b.2] Mínimos quadrados ponderados (Weighted Least Squares - WLS)

Considere o ajuste de curva dos dados com uma curva que tem a forma indicada em (3.28), em que a variável dependente R é linear em relação às constantes $x_1, x_2, ..., x_n$.

$$R = f(A, x_1, x_2, ..., x_n) = x_1 f(A) + x_2 f(A) + ... + x_n f(A) \tag{3.28}$$

Embora existam muitas ramificações e abordagens para ajuste de curvas, o método de mínimos quadrados pode ser aplicado a uma ampla variedade de problemas de ajuste de curvas que envolvem formas lineares com constantes indeterminadas. As constantes são determinadas por meio da minimização da soma dos erros (resíduos) ao quadrado. A solução obtida por esse método é matematicamente possível, mas, em alguns casos, fisicamente inaceitável (algumas restrições estão envolvidas: as constantes não devem ser negativas e devem somar 1). Então, torna-se um problema de mínimos quadrados com restrição e as equações de restrições devem ser adicionadas. Para resolver esse problema, é necessário aplicar os conceitos de mínimos quadrados ponderados.

Algumas vezes, as informações obtidas em um experimento podem ser mais precisas do que outras fontes de informação do mesmo experimento. Em outros casos, é conveniente usar algumas informações adicionais (conhecimento prévio) para tornar a solução fisicamente relevante. Em tais casos, pode ser desejável dar um "peso" maior para aquelas informações que são consideradas mais acuradas ou mais importantes para o problema. Ponderar certas informações (p.ex., informações adicionais) é desejável para aproximar a solução do significado físico e, assim, obter uma solução aceitável.

Nesse caso, $x_1 + x_2 + \ldots x_n = 1$ e $0 \leq x_1, x_2, \ldots x_n \leq 1$ são as condições que devem ser satisfeitas para a obtenção de uma solução aceitável. Então, n + 1 equações são adicionadas ao sistema da Eq. 3.28: uma correspondendo à condição de soma das proporções igual a 1 ($x_1 + x_2 + \ldots x_n = 1$) e outras n correspondendo à condição de que as proporções não devem ser negativas ($x_j \leq 1$; $j = 1, 2, \ldots, n$). Para resolver esse problema, quando as restrições não são atendidas, é aplicada uma matriz diagonal W contendo valores de pesos associados ao sistema de equações a ser resolvido. Inicialmente, os *m* primeiros valores atribuídos iguais a 1, ao longo da matriz diagonal W, indicam que as equações são igualmente importantes para a solução do problema. Um valor muito alto na sequência da diagonal correspondente à primeira restrição (soma $x_j = 1$) indica que essa equação deve ser rigorosamente satisfeita. Assim, se os valores de x_j são satisfeitos, isto é, se eles estão no intervalo zero e um, então a solução final foi encontrada. Caso contrário, é necessário usar um processo iterativo para trazer todos os x_j para dentro do intervalo zero e um. Isso é realizado pelo aumento gradativo dos pesos (que inicialmente são zeros) correspondentes às n últimas equações relativas à restrição de que as proporções não devem ser negativas. A solução para esse problema é encontrada ao se minimizar a quantidade: $w_1 e_1^2 + w_2 e_2^2 + \ldots + w_{(m+n+1)} e_{(m+n+1)}^2$, onde w_1, w_2 etc. são os fatores de peso, e e_1, e_2 etc. são os valores de resíduos para cada equação.

A implementação desse método baseia-se na eliminação de Gauss e no algoritmo de substituição (*forward* e *backward*) descritos em livros-texto de Análise Numérica.

b.3] Principais componentes

Dada uma imagem constituída por um número de *pixels* com medidas em um número de bandas espectrais, é possível modelar cada resposta espectral de cada *pixel* como uma combinação linear de um número finito de componentes.

$$\begin{aligned}
dn_1 &= f_1 * e_{1,1} + \ldots + f_n * e_{1,n} \quad \text{banda 1} \\
dn_2 &= f_1 * e_{2,1} + \ldots + f_n * e_{2,n} \quad \text{banda 2} \\
&\ldots \\
dn_p &= f_1 * e_{p,1} + \ldots + f_n * e_{p,n} \quad \text{banda p}
\end{aligned} \quad (3.29)$$

ONDE:

dn_j = número digital para a banda i do *pixel*;
$e_{i,j}$ = componente puro dn do componente puro j, banda i;
f_j = fração desconhecida do componente puro j;
n = número de componentes puros;
p = número de bandas.

Isso leva à equação matriz:

$$dn = e \cdot f \quad (3.30)$$

Uma restrição linear é adicionada, pois a soma das frações de qualquer *pixel* deve ser igual a 1; deve-se, portanto, aumentar o vetor dn com um adicional 1, e a matriz com uma linha de valores 1. Isso deixa um conjunto de p + 1 equações em n desconhecidos. Como o número de componentes puros é geralmente menor do que o número de bandas, as equações são superdeterminadas e podem ser resolvidas por quaisquer outras técnicas. A solução descrita aqui usa análise de componentes principais para reduzir a dimensionalidade do conjunto de dados. A matriz do componente puro é transformada em espaço PCA utilizando o número apropriado de autovetores; os dados *pixel* são transformados em espaço PCA, as soluções são encontradas, e as frações resultantes são guardadas.

Os dois últimos métodos (Mínimos quadrados ponderados e Principais componentes) são recomendados para os casos em que o número de componentes na mistura espectral for maior do que três.

Imagens-fração

As imagens-fração são os produtos gerados pelos algoritmos descritos anteriormente. Elas representam as proporções dos componentes na mistura espectral. Em geral, todos os algoritmos produzem o mesmo resultado, isto é, geram as mesmas imagens-fração quando as equações de restrição não são consideradas. Normalmente são geradas as imagens-fração de vegetação, solo e sombra/água, que, em geral, são os alvos presentes em qualquer cena terrestre. As imagens-fração podem ser consideradas como uma forma de redução da dimensionalidade dos dados e também como uma forma de realce das informações. Além disso, o modelo de mistura espectral transforma a informação espectral em informação física (valores de proporção dos componentes no *pixel*). A imagem-fração vegetação realça as áreas de cobertura vegetal; a imagem--fração solo realça as áreas de solo exposto; e a imagem-fração sombra/ água realça as áreas ocupadas por corpos d'água (rios, lagos etc.), além de áreas alagadas, de queimadas etc. Consideramos sombra ou água como imagem-fração pelo fato de esses dois alvos apresentarem respostas espectrais semelhantes.

Para a geração das imagens-fração, as respostas espectrais dos componentes (*endmembers*) são consideradas conhecidas, ou seja, podem ser obtidas diretamente das imagens (*image endmember*) ou de bibliotecas espectrais disponíveis. A Fig. 3.9 mostra um exemplo das respostas espectrais dos componentes vegetação, solo e sombra utilizadas para gerar imagens-fração em uma imagem TM/Landsat 5 obtida sobre a região de Manaus (AM). Nesse caso, foram utilizadas somente as bandas 3 (vermelho), 4 (infravermelho próximo) e 5 (infravermelho médio) do sensor TM, na forma de reflectância aparente (vale lembrar que essa análise poderia ser realizada por meio de FRB aparente ou de superfície ou mesmo por meio de número digital).

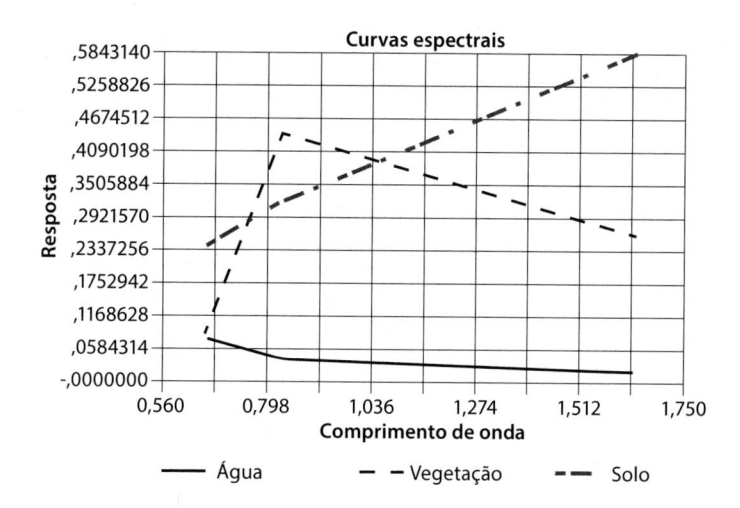

Fig. 3.9 Resposta espectral dos componentes vegetação, solo e sombra/água

A Fig. 3.10 mostra a composição colorida (R5 G4 B3) do sensor TM/Landsat e as correspondentes imagens-fração da vegetação, do solo e da sombra/água da região de Manaus (AM).

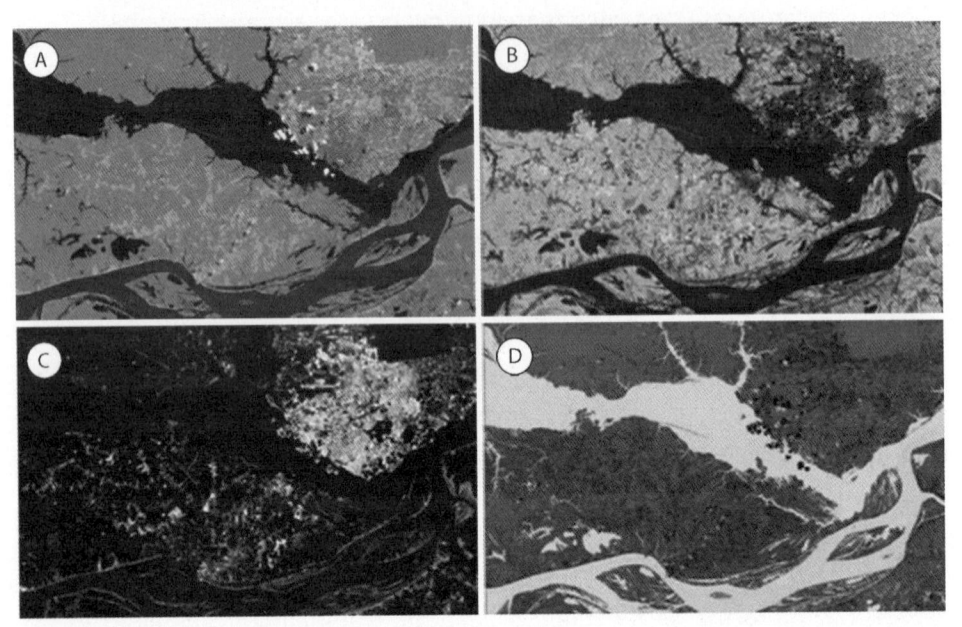

Fig. 3.10 (A) Composição colorida do TM/Landsat 5 (R5 G4 B3) da região de Manaus (AM); (B) imagem-fração vegetação; (C) imagem-fração solo; e (D) imagem-fração sombra/água (versão colorida - ver prancha 13)

Observa-se que na imagem-fração vegetação, por exemplo, os *pixels* mais claros são aqueles em que, ao menos em tese, há maior quantidade de vegetação. Nessa mesma imagem-fração vegetação, os corpos d'água apresentam-se escuros exatamente por não possuírem qualquer porcentagem de cobertura vegetal. Análise análoga pode ser feita com as imagens dos demais componentes, ou seja, na imagem-fração solo, os *pixels* mais claros são aqueles que apresentam menores índices de cobertura vegetal ou são menos sombreados.

A Fig. 3.11 mostra a composição colorida (R6 G2 B1) do sensor Modis/Terra e as correspondentes imagens-fração da vegetação, do solo e da sombra/água da região do Xingu, no Estado do Mato Grosso, obtida em maio de 2004.

Observa-se que as imagens-fração são monocromáticas (em tons de cinza), sendo que os NDs que as compõem estão diretamente associados às proporções (abundância) de cada um dos respectivos componentes da cena selecionados para o modelo de mistura espectral. Assim, quanto maior o valor de ND em uma imagem-fração vegetação, por exemplo,

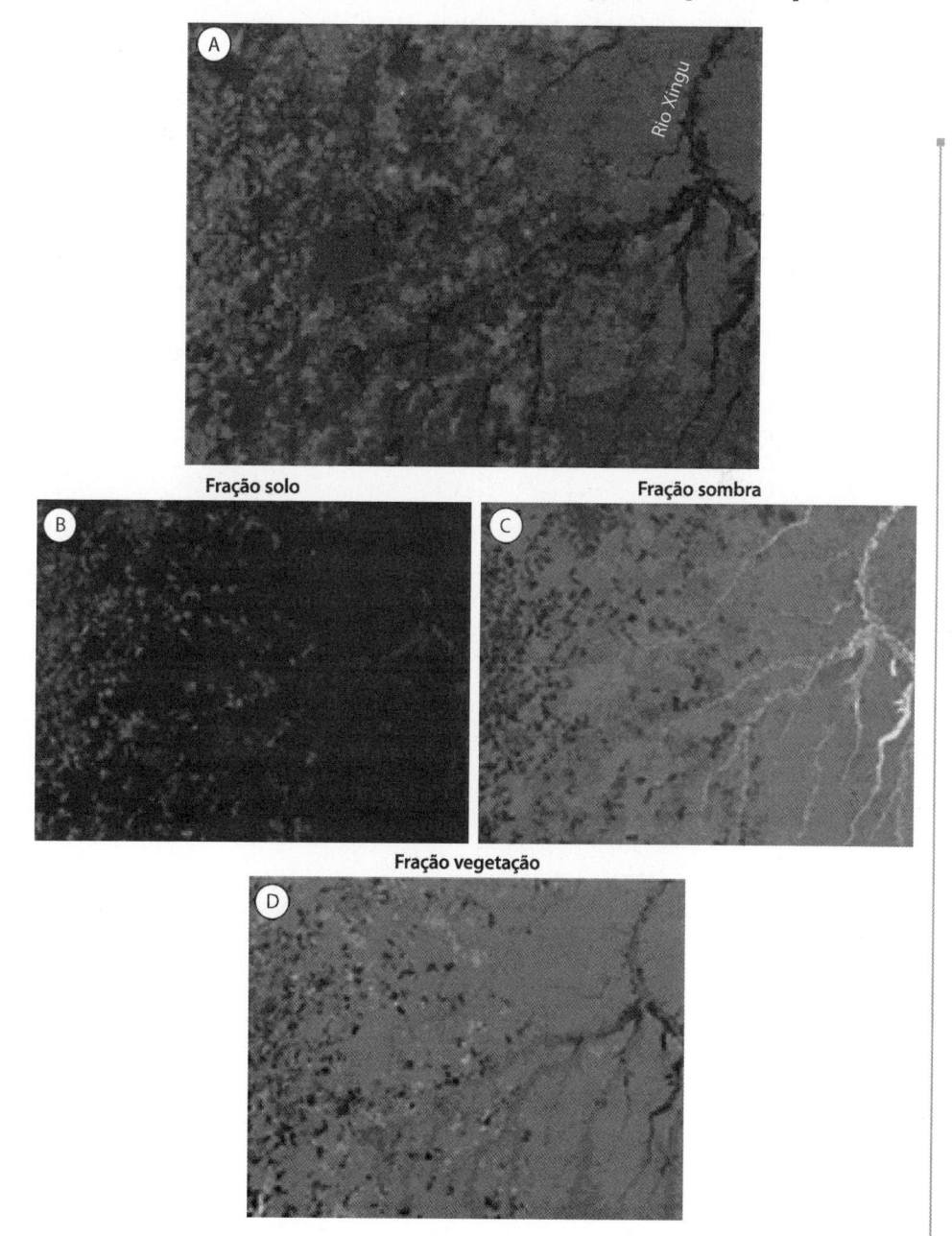

Fig. 3.11 (A) Composição colorida do Modis/Terra (R6 G2 B1); (B) imagem-fração solo; (C) imagem-fração sombra; e (D) imagem-fração vegetação da região do Xingu (MT), obtida em maio de 2004 (versão colorida - ver prancha 14)

maior a proporção de vegetação no *pixel* correspondente. A mesma interpretação é válida para as demais imagens dos demais componentes.

A literatura apresenta uma grande quantidade de trabalhos sobre a utilização, em várias regiões ao redor do mundo, do modelo linear de mistura espectral, mostrando que essa técnica é consistente. Além disso, as imagens-fração geradas pelo modelo estão sendo utilizadas em diferentes áreas de aplicações: floresta, agricultura, uso da terra, água, áreas urbanas etc.

A vegetação através de dados SAR

4.1 Breve introdução aos dados SAR

Diferentemente dos sensores que registram a radiação eletromagnética refletida ou emitida pelos objetos na faixa óptica do espectro eletromagnético, os radares operam na faixa das micro-ondas, com comprimentos de onda que variam de 1 mm a 1 m. Os radares são sensores ativos que operam com a transmissão e a recepção de radiação eletromagnética nessa faixa espectral. As micro-ondas são capazes de atravessar nuvens, chuva e, dependendo das condições de umidade e da banda utilizada, solos e dosséis vegetais. Por serem ativos, os radares não dependem da energia solar e podem operar dia e noite.

Radar é um acrônimo para *radio detection and ranging*, que significa a detecção e a medição de distâncias por ondas de rádio. Esse acrônimo também representa o primeiro uso de radares no início do século XX, como detector de navios. Na Segunda Guerra Mundial, a utilização de radares no monitoramento de aviões e navios mostrou que os "ruídos" presentes no sistema eram rudimentos de imagens e que outros objetos também poderiam ser "observados" através desses dados, iniciando-se, assim, o sensoriamento remoto por radar. O volume 2 do *Manual de Sensoriamento Remoto* (*Manual of Remote Sensing*) (Henderson; Lewis, 1998) traz a interessante história do radar e suas aplicações.

Os radares imageadores podem ser divididos em duas categorias: RAR (radar de abertura real ou *real aperture radar*), também conhecido como SLAR (*side looking airborne radar*), e SAR (radar de abertura sintética ou *synthetic aperture radar*). Ambos os tipos de radar têm visada lateral e emitem um pulso de radiação ao longo da linha de voo, registrando a energia que é espalhada pelos objetos e que retorna ao radar. Essa energia espalhada de volta ao radar é conhecida como retroespalhamento, eco ou sinal de retorno.

Os radares podem operar em diferentes bandas, que se referem aos comprimentos de onda e às frequências das micro-ondas transmitidas e recebidas como eco da superfície terrestre. O tamanho da antena utilizada pelo radar determina a largura do pulso de micro-ondas transmitido e, consequentemente, a resolução na direção do voo (resolução azimutal). Os primeiros radares imageadores eram do tipo RAR e, por trabalharem com as dimensões efetivas da antena, apresentavam limitações na resolução espacial das imagens geradas. Já no SAR o problema da baixa resolução azimutal foi resolvido pela simulação de uma antena centenas de vezes maior que seu tamanho real, com o registro do eco de cada objeto ao longo da linha de voo.

Desde a década de 1960, pesquisas com as aplicações dos dados de radar apontam a utilidade desses dados em estudos ambientais. A liberação dos dados de radar para uso civil, nos anos 1970, tornou possível a realização de projetos como o Radambrasil (como citado na Introdução deste livro) e o Proradam, na Colômbia, onde imagens de radar aerotransportado foram utilizadas para mapeamentos de vegetação, entre outros usos.

Os dados de radar, entretanto, não se tornaram ferramentas de uso tão disseminado como os dados de sensores ópticos. Entre os obstáculos para a difusão de dados de radar está a dificuldade de sua interpretação, uma vez que registram a superfície terrestre de maneira diferente de como a vemos e apresentam-na em diferentes tipos de produtos (p.ex., em imagens que registram a amplitude e/ou a fase das micro-ondas, em uma ou mais polarizações etc). Da mesma forma, são necessários dados de radar calibrados e programas específicos para o processamento desses dados, não disponíveis comercialmente até o início dos anos 1990.

Depois de bem-sucedidas aquisições de dados SAR a bordo de satélites e de ônibus espaciais (satélite Seasat de 1978; Shuttle Imaging Radar A e B de 1981 e 1984, respectivamente), o lançamento regular de radares orbitais desde 1991, iniciando-se com o Earth Resources Satellite 1 (ERS-1), abriu inúmeras oportunidades de estudo desses dados. As últimas duas décadas têm mostrado um crescimento acelerado no desenvolvimento de produtos e técnicas SAR, incluindo avanços nas aplicações e resultados da polarimetria, da interferometria e na combinação das duas (polarimetria interferométrica). O lançamento de radares orbitais com maior resolução espacial, a possibilidade de aquisição de dados de fase e com multipolarização, assim como a variedade de modos de imageamento, possibilitaram o crescimento das próprias aplicações desses dados, aumentando a precisão dos mapas e dos resultados obtidos com suporte de dados SAR tradicionais.

Para entender a aparência da vegetação nas imagens SAR e as possibilidades de aplicação desses dados, são necessários alguns conhecimentos sobre os parâmetros do radar e as características dos objetos que os radares registram, apresentados a seguir, com ênfase para a vegetação de porte florestal.

4.2 Parâmetros dos sistemas SAR

Os radares são classificados em função de seus parâmetros, geralmente do comprimento de onda/frequência utilizados e da presença de uma ou mais polarizações. O comprimento de onda e a polarização emitidos pelo radar são definidos para o sistema e são constantes, ao passo que o ângulo de incidência varia em uma determinada faixa de acordo com a posição dos objetos na faixa imageada. A seguir, algumas informações sobre os parâmetros dos sistemas SAR.

4.2.1 Comprimento de onda e frequência

A maioria dos radares opera com apenas uma banda, definida em termos de comprimento de onda ou de frequência, mas podem existir sistemas com até três bandas. A maior limitação para um maior número de bandas é o suprimento de energia, já que o radar possui sua própria fonte, assim como a antena, que tem um formato específico para envio e recebimento dos diferentes comprimentos de onda. A transmissão de pequenos comprimentos de onda ou de altas frequências requer altas potências, o que pode limitar os seus usos em sistemas orbitais.

A denominação das bandas de radar foi criada na Segunda Guerra Mundial, tendo sido adotada pela comunidade científica desde então.

A Tab. 4.1 apresenta as bandas SAR e seus respectivos comprimentos de onda e frequências, com a equação que os relaciona e permite a conversão de comprimento de onda para frequência e vice-versa.

A interação da radiação eletromagnética na região das micro-ondas com os objetos na superfície terrestre depende da banda utilizada no radar. A profundidade de penetração das micro-ondas nos objetos aumenta com o comprimento de onda. A rugosidade de uma superfície também é influenciada pela banda utilizada.

Tab. 4.1 **Bandas utilizadas por sistemas de radar com os respectivos comprimentos de onda e frequências e a equação que os relaciona**

Banda de radar	Comprimento de onda – λ (cm)	Frequência - f (MHz)
P	136-77	220-390
UHF	100-30	300-1.000
L	30-15	1.000-2.000
S	15-7,5	2.000-4.000
C	7,5-3,75	4.000-8.000
X	3,75-2,40	8.000-12.500
Ku	2,40-1,67	12.500-18.000
K	1,67-1,18	18.000-26.500
Ka	1,18-0,75	26.500-40.000
$\lambda(cm) = \dfrac{c}{f} = \dfrac{30.000}{f(MHz)} = \dfrac{30}{f(GHz)}$		1 hertz = 1 ciclo s^{-1} 1 mega-hertz = 10^6 hertz 1 giga-hertz = 10^9 hertz

Fonte: adaptado de Lewis e Henderson (1998).

4.2.2 Polarização

Como radiação eletromagnética (REM), as micro-ondas apresentam campos elétricos e magnéticos que se propagam em direções transversais entre si e em relação à direção de propagação. A polarização é definida pela trajetória do campo elétrico em um plano, que pode ser linear, circular ou elíptico. Radares com polarização linear são os mais frequentes, e para eles se assume que a elipse de polarização é reduzida a uma linha e que o campo elétrico, quando se desloca paralelamente ao eixo P (de propagação), tem polarização horizontal e, quando se desloca perpendicularmente ao eixo P, tem polarização vertical. Como um sistema ativo, o radar transmite e recebe REM, sendo possíveis quatro combinações de polarizações lineares: HH (transmitida e recebida horizontalmente), VV (transmitida e recebida verticalmente), HV (transmitida horizontalmente e recebida verticalmente) ou VH (transmitida verticalmente e recebida horizontalmente).

A interação das micro-ondas com os objetos na superfície terrestre tem relação direta com o tipo de polarização. Objetos com estruturas verticais, como as árvores, por exemplo, terão interação maior com a polarização vertical, gerando sinais de retorno mais elevados. Para polarizações cruzadas (HV ou VH), os sinais registrados pelo radar são geralmente mais fracos e a imagem resultante é mais "ruidosa" (Lewis; Henderson, 1998).

4.2.3 Ângulo de incidência

O ângulo de incidência é definido entre o pulso de energia transmitida pelo radar e uma linha perpendicular à superfície da Terra (Fig. 4.1).

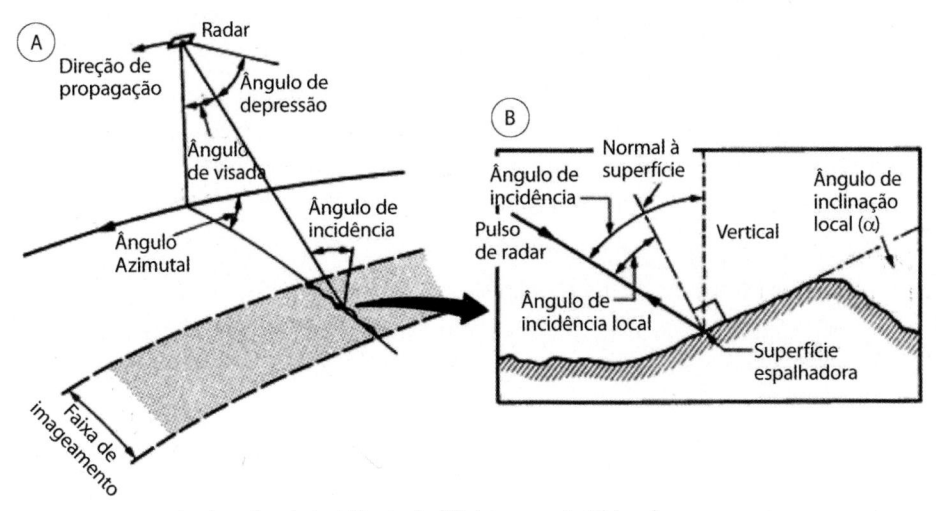

Fig. 4.1 Diagrama dos ângulos de incidência do (A) sistema e do (B) local
Fonte: Lewis e Henderson (1998).

Além do ângulo de incidência (θ), os sistemas de radar também são definidos pelos ângulos de visada e de depressão, que se complementam na linha de transmissão do pulso de radar.

O ângulo de incidência é outro parâmetro do radar que determina a aparência dos objetos em imagens. Geralmente, a "refletividade" dos objetos diminui com o aumento do ângulo de incidência. A rugosidade de um objeto varia em função do ângulo de incidência local, sendo esse parâmetro usado para realçar determinadas superfícies (Lewis; Henderson, 1998).

4.3 Características dos alvos

4.3.1 Coeficiente de retroespalhamento

O nível digital de cada *pixel* em uma imagem de radar é proporcional à variável conhecida como seção transversal do radar (*radar cross section* - σ), que é a porção de energia transmitida que é absorvida e refletida pelos objetos na superfície terrestre. O coeficiente de retroespalhamento (σ^0) é a seção transversal do radar por área no terreno e é o que o radar mede. O σ^0 é característico dos objetos e, por variar em muitas ordens de magnitude, é expresso como logaritmo em unidades de decibel (Waring et al., 1995).

O coeficiente de retroespalhamento é função tanto dos parâmetros do radar, apresentados anteriormente, como das variáveis dos objetos, incluindo a rugosidade, o conteúdo hídrico (ou constante dielétrica) e a orientação (ou geometria). Um objeto será discriminável nas imagens de radar se seu coeficiente de retroespalhamento for distinto do de seu vizinho e se a resolução espacial for compatível.

4.3.2 Rugosidade da superfície

A rugosidade de um objeto ou superfície é função da escala de observação, que, para o radar, está relacionada com o comprimento de onda utilizado e a geometria de aquisição dos dados. Uma superfície pode ser "rugosa" para um comprimento de onda e "lisa" para outro. São relatadas três "escalas" de rugosidade: a microescala (associada ao tom da imagem de radar), a mesoescala (associada à textura da imagem) e a macroescala (associada aos efeitos topográficos do terreno) (Lewis; Henderson, 1998). Para um mesmo comprimento de onda e ângulo de incidência, um dossel florestal apresentará rugosidade maior do que aquela apresentada por um gramado, por exemplo.

4.3.3 Conteúdo hídrico

A intensidade do retroespalhamento e a aparência de um objeto em uma imagem de radar também são determinadas pelas características elétricas desse objeto, medidas por meio da constante dielétrica, que indica a refletividade e a condutividade de diversos materiais. O conteúdo hídrico ou de umidade dos objetos tem influência direta na sua constante dielétrica e na refletividade. A magnitude das diferenças de constante dielétrica na superfície observada determina a quantidade de espalhamento (Leckie; Ranson, 1998). Quanto maior o conteúdo hídrico de um objeto, maior a sua refletividade e o retroespalhamento gerado (Jensen, 2009). Para um dossel vegetal, o conteúdo de umidade é alto, o que ocasiona um alto espalhamento das micro-ondas incidentes. Para solos secos, a absorção dos sinais de radar é elevada.

4.4 Mecanismos de espalhamento

Os mecanismos responsáveis pelo espalhamento da radiação eletromagnética na região das micro-ondas podem ser superficiais, quando ocorrem na superfície dos objetos, e volumétricos, quando ocorrem no interior e incluem o espalhamento entre os componentes do objeto, como entre galhos e folhas dentro de um dossel vegetal. A despolarização da onda incidente (e a geração de eco em uma polarização distinta da recebida) é um dos resultados do espalhamento volumétrico.

A rugosidade das superfícies, relativa ao comprimento de onda e ao ângulo de incidência, influencia diretamente os mecanismos e a magnitude do retroespalhamento. Quando a superfície é lisa em relação ao comprimento de onda (ou as variações em altura na superfície do objeto não são detectadas pelo comprimento de onda usado pelo radar), o espalhamento ocorre na direção oposta ao radar, sendo denominado de tipo especular. Uma superfície rugosa em relação ao comprimento de onda incidente gera um espalhamento difuso, que ocorre em várias direções. Um tipo especial de espalhamento, chamado reflexão de canto (*corner reflection* ou *double bounce*), ocorre quando duas ou mais superfícies lisas são adjacentes (como em zonas urbanas), gerando alto retroespalhamento. A Fig. 4.2 ilustra os principais tipos de espalhamento, gerados a partir de diferentes tipos de superfícies.

4.5 Polarimetria e interferometria

Os sistemas SAR registram, além da amplitude, a fase do retroespalhamento, que tem utilização em técnicas de análise de dados como a polari-

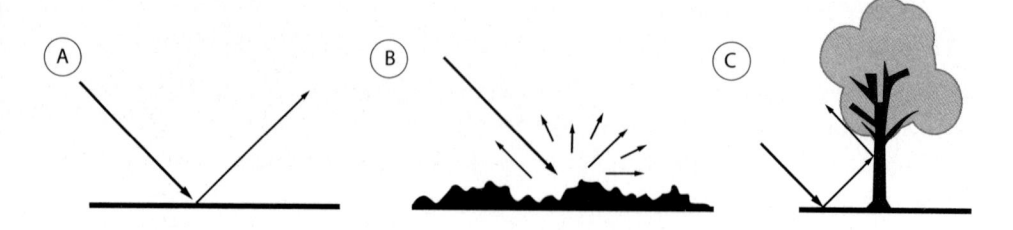

Fig. 4.2 Tipos de superfície e espalhamentos associados: (A) lisa - especular, (B) rugosa – difuso, (C) lisa – reflexão de canto

metria e a interferometria. Ambas as técnicas lidam com a natureza vetorial do campo elétrico da radiação eletromagnética e baseiam-se na diferença de fase entre duas medidas SAR tomadas com polarizações diferentes (na polarimetria) ou em posições ligeiramente diferentes do sensor (interferometria).

Existem muitos métodos de processamento e análise de dados SAR polarimétricos e interferométricos, cujos fundamentos são diferentes dos métodos tradicionais de processamento digital de imagens. A forte base matemática necessária para a utilização dessas técnicas SAR é exigida desde a aquisição dos dados, que são complexos e coerentes (com fase relativa constante), e simulados em matrizes de espalhamento. Boa introdução a essas técnicas pode ser encontrada no volume 2 do *Manual de Sensoriamento Remoto* (Henderson; Lewis, 1998).

A polarimetria SAR (PolSAR) é uma técnica cada vez mais empregada na extração de parâmetros dos objetos na superfície terrestre e na classificação de coberturas da Terra. A polarimetria lida com dados SAR em matrizes de espalhamento, que relacionam a energia incidente com a energia (retro)espalhada em todas as possíveis combinações de polarizações.

As abordagens mais utilizadas em polarimetria são a análise estatística da informação polarimétrica (para classificação de imagens, como em Freitas et al., 2008) e os modelos que buscam explicar a física dos processos de espalhamento (Freeman; Durden, 1998; Cloude; Pottier, 1997). A decomposição de alvos é um exemplo de modelo que busca a separação das contribuições dos diferentes espalhadores para, dessa forma, identificá-los (Servello; Kuplich; Shimabukuro, 2010). A matriz de espalhamento (que pode assumir diversas formas em função do tipo de dados SAR e dos mecanismos de espalhamento considerados) é analisada para extrair a informação sobre os processos de espalhamento, mais facilmente dedutíveis para objetos construídos.

Na interferometria (InSAR), por sua vez, a fase é registrada a partir de duas posições do sensor SAR na chamada *baseline* ou linha de base. A linha de base pode ser temporal, quando duas passagens do sensor (interferometria de repetição de passagem) são consideradas, ou espacial (interferometria de passagem única), usando-se duas antenas (Madsen; Zebker, 1998). Como a posição da antena/sensor em relação à Terra é conhecida, a diferença de fase entre os dois registros permite a estimativa da distância entre sensor e objeto, assim como de sua posição e elevação. A diferença de fase é ilustrada em interferogramas, que são usados para a derivação de informação topográfica e a geração de *modelos digitais de elevação* (MDE).

A interferometria também se baseia na coerência, uma medida da correlação entre o par interferométrico de imagens SAR complexas. A coerência será alta (próxima de 1) se os objetos permanecerem estáveis no tempo e no espaço no par de imagens SAR interferométricas. Os principais efeitos que causam a diminuição da coerência são temporais (mudanças nas condições ambientais – p.ex., seca, congelamento – ou movimento dos espalhadores – por vento, crescimento da vegetação, deciduidade etc.) ou de volume, quando os espalhadores estão distribuídos nas três dimensões (em "volume") e dão origem a variados tipos de espalhamento, como no caso de dosséis vegetais (Wegmüller; Werner, 1995; Wagner et al., 2003; Pulliainen; Engdahl; Hallikainen, 2003). A coerência decresce para maiores volumes de vegetação (Wegmüller; Werner, 1995). O vento é um dos maiores fatores de descorrelação temporal para florestas (Tanase et al., 2010).

Estudos recentes têm indicado a utilidade da combinação das técnicas de polarimetria e interferometria para, entre outros usos, estimativas de altura de dosséis vegetais e geração de MDEs, na abordagem conhecida como polarimetria interferométrica ou PolInSAR. Segundo Boerner (2003), a PolInSAR surgiu para suprir as falhas na determinação do centro de espalhamento da fase (*scattering phase center*), chave na estimativa de altura/altitude a partir de dados SAR. Cloude e Papathanassiou (1998) revelaram que a coerência interferométrica dependia da polarização e desenvolveram um modelo de otimização com matrizes de espalhamento que, quando decompostas, permitiram a separação precisa dos centros de fase para diversos mecanismos de espalhamento.

Alguns resultados das aplicações de dados SAR complexos e das técnicas PolSAR e InSAR para estudos de vegetação serão apresentados na seção 4.8.

4.6 A vegetação em dados SAR

Um dos primeiros trabalhos de interpretação da resposta da vegetação em dados radar é o de Ulaby (1975), que instalou um espectrômetro ativo e passivo de micro-ondas sobre culturas agrícolas, medindo o espalhamento proveniente dessas culturas. O conteúdo hídrico das plantas e dos solos foi medido, e diferentes frequências, polarizações e ângulos de incidência do espectrômetro foram utilizados, permitindo a verificação da dependência da resposta do radar às características dos objetos. Confirmou-se então a influência dos parâmetros do sensor no retroespalhamento, assim como a interação dos parâmetros SAR com as diferentes características da vegetação e dos solos.

Para florestas ou dosséis vegetais compactos, a resposta ao radar é a combinação de diferentes mecanismos e componentes, como mostra a Fig. 4.3, que inclui a contribuição dos elementos vegetais e do solo. Outros autores incluem ainda retroespalhamento tronco-solo atenuado pelo dossel vegetal e espalhamentos múltiplos provenientes dos galhos (Le Toan et al., 1992).

A magnitude dos mecanismos de espalhamento e a importância dos diferentes componentes dependem dos fatores geométricos (estrutura das árvores, dossel e rugosidade do solo) e das propriedades dielétricas da vegetação e do solo (Dobson et al., 1995). Frequência, polarização e ângulo de incidência utilizados pelo radar controlam os mecanismos de espalhamento, e o retroespalhamento final será resultado de espalhamentos superficiais e/ou volumétricos. Le Toan et al. (1992) afirmam que os componentes vegetais que agem como principais fontes

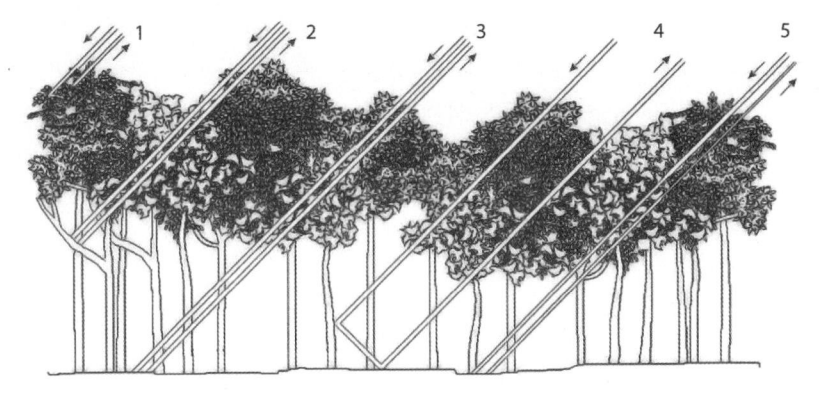

Fig. 4.3 Mecanismos e componentes do retroespalhamento proveniente de florestas: (1) retroespalhamento da superfície e do interior do dossel, (2) retroespalhamento direto do tronco, (3) retroespalhamento direto do solo, (4) dupla reflexão tronco-solo e (5) retroespalhamento integrado copa-solo
Fonte: adaptado de Leckie e Ranson (1998).

de espalhamento são da mesma ordem de magnitude dos comprimentos de onda com os quais interagem, como apresentado no Quadro 4.1.

Na banda X ($\lambda \sim 3$ cm), o retroespalhamento resulta principalmente das partes superiores do dossel, das folhas e dos pequenos galhos. É pequena a penetração dessa frequência no dossel vegetal e baixa a quantidade de espalhamento volumétrico e a contribuição do solo no retroespalhamento final. Na banda C ($\lambda \sim 7$ cm), por sua vez, a maior penetração da energia no dossel permite que mais fontes de retroespalhamento apareçam, e já se observa uma pequena quantidade de espalhamento volumétrico. As maiores fontes de retroespalhamento ainda são folhas e galhos pequenos. A extensão da copa da árvore geralmente não é "ultrapassada" pelo sinal de radar nesse comprimento de onda (Le Toan et al., 1992).

QUADRO 4.1 **Elementos responsáveis pela maior parte do retroespalhamento em dosséis florestais, de acordo com a banda utilizada**

Banda	X	C	L	P
Principal fonte de retroespalhamento	Folhas, acículas	Folhas	Galhos	Galhos, troncos

Fonte: Le Toan et al. (1992).

Nas bandas L ($\lambda \sim 22$ cm) e P ($\lambda \sim 80$ cm), a penetração do sinal do radar no dossel é maior e pode acontecer a participação dos troncos e do solo no retroespalhamento final. As interações tronco-solo e copa-solo são importantes para esses comprimentos de onda, dependendo da estrutura e da cobertura do dossel. Pequenas folhas e galhos, nesses comprimentos de onda, atuam como atenuadores do sinal (Kasischke; Melack; Dobson, 1997).

A polarização do sinal de radar determina o tipo de interação com os componentes florestais. Polarizações lineares interagem com estruturas que têm orientações similares, como entre troncos e a polarização VV. Galhos horizontais e a superfície do solo têm maior interação com a polarização HH. Dobson et al. (1995) salientam que a polarização HH pode trazer informação sobre as interações tronco-solo e a polarização VV é mais sensível aos atributos do dossel florestal. Como o dossel é um meio capaz de despolarizar a onda incidente (e enviar sinal de retorno em polarização distinta da polarização do sinal incidente), as polarizações cruzadas – HV e VH – são relacionadas ao espalhamento volumétrico (Saatchi; Rignot, 1997).

O ângulo de incidência do sistema SAR determina a "quantidade" de vegetação iluminada pelo pulso de radar. Quanto maior o ângulo de incidência, maior a porção de vegetação "vista" pelo radar e maior a ocorrência de espalhamento volumétrico, gerando retroespalhamento relativamente baixo (ocorrem mais perdas do sinal e atenuação). Para espalhamento superficial, existe forte dependência angular, com pequenos ângulos de incidência gerando alto retroespalhamento (Leckie; Ranson, 1998).

Para florestas inundadas, como nas várzeas da amazônia, o fenômeno de reflexões duplas entre os troncos das árvores e a lâmina d'água que cobre o solo provoca a ocorrência de alto retroespalhamento, tornando essas áreas de fácil discriminação (Hess; Melack; Simonett, 1990).

A Fig. 4.4 mostra uma imagem SAR (Radarsat-2, banda C) com três polarizações em composição colorida, de área de floresta tropical com sua textura típica. A floresta, representada em tons de verde pela maior contribuição da polarização HV (resultante, principalmente, de espalhamentos volumétricos no interior do dossel), também apresenta tons vermelhos e azuis, demonstrando a variedade de mecanismos de retroespalhamento que ocorre nas copas das árvores. As demais áreas, em polígonos mais escuros, representam pastagens e culturas agrícolas, e pode-se supor que quanto mais avermelhada a área, menos cobertura vegetal possui (contribuição da polarização HH em solos descobertos e com vegetação rasteira). Os tons mais esverdeados e com textura mais lisa correspondem a capoeiras de diferentes idades e estágios de regeneração. O corpo d'água que aparece em verde limão no centro da cena provavelmente está parcialmente coberto por vegetação, o que deve ter provocado reflexões de canto entre a superfície da água e os troncos e galhos.

A representação de florestas em imagem SAR também inclui o retroespalhamento decorrente dos efeitos da topografia da área imageada, principalmente nas vertentes voltadas para o pulso de micro-ondas incidentes. O sombreamento também pode ocorrer (Fig. 4.4, oeste da cena) nas encostas voltadas para a direção oposta ao pulso do radar. Também deve ser considerada a presença inerente do *speckle*, uma espécie de ruído formado na aquisição das imagens SAR e geralmente minimizado por meio da filtragem digital dos dados.

4.7 Dados SAR orbitais passados e disponíveis

Dados SAR orbitais são adquiridos desde a década de 1970 com o satélite norte-americano Seasat. A aquisição regular de dados SAR, entretanto, começou nos anos 1990, com o satélite europeu ERS-1 (Earth Resources Satellite). Desde então, programas espaciais de diferentes países têm lançado satélites com sistemas SAR a bordo, alguns dos quais apresentados na Tab. 4.2.

A nova geração de produtos SAR orbitais, iniciada, neste século, com o satélite Envisat, é caracterizada pela aquisição de dados polarimétricos, abrindo inúmeras possibilidades de aplicações em estudos de vegetação.

4.8 Aplicações de imagens de radar para a vegetação

Exemplos de aplicações de imagens SAR para estudos de vegetação serão apresentados de acordo com os seus objetivos principais, tratando de: (i) discriminação das formações vegetais, (ii) verificação da extensão das formações vegetais e (iii) estimativas de propriedades biofísicas e bioquí-

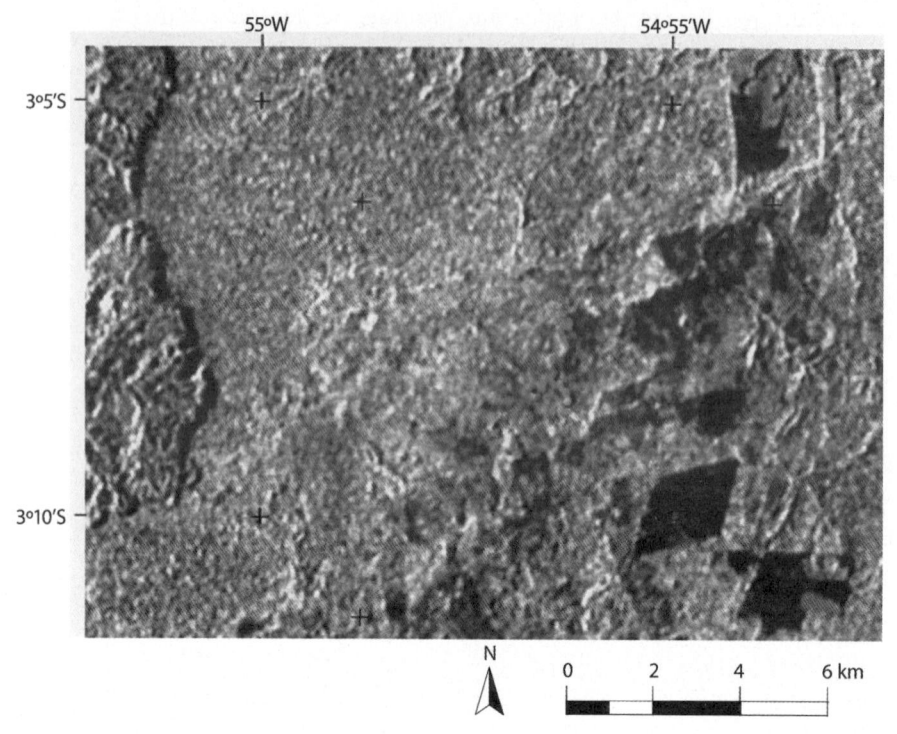

Fig. 4.4 Extrato de imagem Radarsat-2, banda C, modo Standard (25 m de resolução espacial), HH(R) HV(G)VV(B), nos arredores da Floresta Nacional do Tapajós, Pará, em setembro de 2008 (versão colorida - ver prancha 15)

micas dos tipos vegetais (Boyd; Danson, 2005). Os itens (i) e (ii) estão interligados, já que o produto principal dos estudos voltados para o atendimento desses objetivos será um mapa da vegetação, que pode ou não ser atualizado regularmente (mapeamento e monitoramento). Para o item (iii), os estudos visam estimar, principalmente, variáveis biofísicas do indivíduo ou comunidade vegetal, como volume e biomassa, e são baseados no estabelecimento de relações entre dados de campo e as imagens SAR.

4.8.1 Discriminação/mapeamento de formações vegetais

Nos Projetos Radam do Brasil e da Colômbia, nos anos 1970 e 1980, foram utilizados dados SAR aerotransportados na banda X para a classificação de formações vegetais. No Brasil, a interpretação foi realizada manualmente em imagens SAR em papel, e as classes, definidas em função da topografia/geomorfologia da área; por exemplo: "floresta ombrófila densa submontana", localizada em áreas com altitudes médias entre 250 m e 600 m (Veloso; Rangel Filho; Lima, 1991).

TAB. 4.2 Características de sistemas SAR orbitais passados, atuais e futuros

Satélite/sensor	Lançamento	Banda(s)	Polarização	Resolução espacial (m)
Seasat/SAR	1978	L	HH	25
Shuttle/SIR-A	1981	L	HH	40
Shuttle/SIR-B	1984	L	HH	17-58
Almaz-1/SAR	1991	S	HH	15-30
ERS-1/-2/SAR	1991, 1995	C	VV	30
Jers-1/SAR	1992	L	HH	18
Shuttle/SIR-C/XSAR	1994	C, L e X	pol	15-45
Radarsat/SAR	1995	C	HH	8-100
Envisat/Asar	2002	C	pol	30-100
Alos/Palsar	2006	L	pol	10-100
Cosmo-SkyMed	2007, 2008 e 2010	X	pol	1-100
Radarsat-2/SAR	2007	C	pol	3-100
TerraSAR/SAR	2007	X	pol	1-18
Kompsat-5/SAR	A ser lançado	X	pol	1-20
Sentinel-1A e 1B/SAR	A ser lançado	C	pol	5-40

Obs.: 1) Os sensores operam em diferentes modos, em que nem sempre o intervalo total de parâmetros é disponível. 2) pol = polarimétrico (com informação de fase em HH, VV, HV e VH). 3) Shuttle refere-se aos ônibus espaciais norte-americanos, SIR refere-se à Shuttle Imaging Radar, Jers é Japanese Earth Resources Satellite, Envisat é Environmental Satellite, Alos é Advanced Land Observation System, Palsar é Phased Array type L-band Synthetic Aperture Radar, Cosmo-SkyMed é Constellation of Small Satellites for the Mediterranean Basin Observation e Kompsat é Korea Multi-Purpose Satellite.

A interpretação visual, mesmo nas imagens digitais, ainda desempenha importante papel para a definição de classes e para a compreensão dos dados SAR (Kasischke; Melack; Dobson, 1997). Além da tonalidade dos *pixels* nas imagens, Leckie e Ranson (1998) também citam a textura e a informação de contexto como auxiliares no processo de interpretação de imagens SAR.

Em geral, a diferenciação entre formações vegetais e entre áreas florestadas e não florestadas é facilitada com o uso de dados SAR em mais de uma banda, polarização e ângulo de incidência (Leckie; Ranson, 1998; Kurvonen; Hallikainen, 1999; Hyyppa et al., 2000; Ranson et al., 2001), assim como com dados multitemporais (Almeida Filho et al., 2007). Dados multipolarizados (nas quatro polarizações) polarimétricos (com informação de fase) na banda C, processados por meio de técnicas de decomposição de alvos (que fornecem informações sobre os tipos de espalhamento dominantes), permitiram a diferenciação de tipos florestais no Canadá (Touzi; Landry; Charbonneau, 2004).

Para florestas boreais e temperadas do Hemisfério Norte, existem relatos da discriminação entre os tipos florestais por meio da combinação de dados em diferentes bandas (Saatchi; Rignot, 1997; Ranson et al., 2001), polarizações (Wu, 1984; Sader, 1987; Saatchi; Rignot, 1997) e ângulos de incidência. Maiores ângulos de incidência facilitam a diferenciação entre florestas de diferentes idades em dados da banda L em polarização HH e HV (Santoro et al., 2009). O uso da textura das imagens SAR (Kurvonen; Hallikainen, 1999; Podest; Saatchi, 2002), assim como a integração de imagens SAR com imagens ópticas, também são referidos como importantes para o sucesso da classificação dos tipos florestais (Hyyppa et al., 2000) e entre estágios de sucessão florestal (Kuplich, 2006).

Um exemplo do uso complementar das bandas SAR é a discriminação privilegiada entre espécies de coníferas por meio de imagens nas bandas X e C, ao passo que a diferenciação entre áreas florestadas e não florestadas é favorecida em imagens nas bandas L e P (Leckie; Ranson, 1998). Os ecos associados a florestas de latifoliadas são mais intensos do que os ecos provenientes de florestas de coníferas. A penetração diferenciada, segundo os comprimentos de onda, nos dosséis vegetais, proporciona interações que favorecem o retroespalhamento de determinados componentes florestais, como o topo das copas para as bandas X e C (facilitando, assim, a diferenciação entre espécies vegetais), e a presença ou não de vegetação para as bandas L e P, graças ao elevado retroespalhamento proveniente de florestas nessas bandas.

Imagens em polarização cruzada (HV ou VH) proporcionam uma melhor discriminação dos tipos florestais para todas as frequências (Saatchi; Rignot, 1997), pois a interação das micro-ondas no dossel é um dos mecanismos que ocasionam a despolarização das micro-ondas incidentes (espalhamento volumétrico). Diferentes estruturas de dossel geram um grande intervalo de valores de retroespalhamento, o que facilita a classificação dos tipos florestais.

Para florestas tropicais, existem relatos da diferenciação entre estágios de sucessão florestal (Rignot; Salas; Skole, 1997; Yanasse et al., 1997) e entre floresta, áreas desmatadas (com ou sem biomassa remanescente) e de corte seletivo (Saatchi; Soares; Alves, 1997; van der

Sanden; Hoekman, 1999) com dados SAR. A identificação e discriminação entre tipos florestais de terra firme e de várzea na amazônia (Miranda; Fonseca; Carr, 1998; Podest; Saatchi, 2002) e entre floresta estacional e as diferentes fitofisionomias do cerrado (Mesquita Jr.; Bittencourt, 2003) também foram observadas por meio de imagens SAR. Shimabukuro e Almeida Filho (2002), com imagens na banda L, obtiveram informações sobre o incremento em áreas desmatadas detectadas inicialmente em imagens TM em Roraima. Porém, esses autores também relataram dificuldade na detecção de áreas desmatadas e usadas para garimpo e cultivos agrícolas com o uso de imagens SAR da época chuvosa.

Imagens da época seca ou sem a ocorrência de precipitação nas datas anteriores à aquisição de imagens SAR são sempre mais indicadas para mapeamento ou estudos de vegetação com dados SAR, pois a presença de água sobre a vegetação e/ou no solo adjacente aumenta o retroespalhamento das áreas imageadas, causando confusão na diferenciação entre classes.

Algumas das considerações sobre o retroespalhamento de florestas boreais e temperadas podem ser aplicadas às florestas tropicais. A superioridade da banda L (comparada com menores comprimentos de onda) para a diferenciação de tipos florestais e de diferentes coberturas da terra que incluem vegetação é uma delas (Rignot; Salas; Skole, 1997; Saatchi; Soares; Alves, 1997; Santos; Pardi Lacruz; Araújo, 2002). As polarizações cruzadas (HV ou VH) são também indicadas para a diferenciação entre floresta madura e em regeneração (Luckman et al., 1997; Saatchi; Soares; Alves, 1997), assim como entre estágios de sucessão secundária (Yanasse et al., 1997), dada sua maior sensibilidade a variações de biomassa (Freitas et al., 2008; Santoro et al., 2009). Maior acurácia na classificação de áreas de solo nu é obtida com dados SAR em polarização VV (Freitas et al., 2008).

O mecanismo de reflexão dupla entre o solo e os troncos deixados em áreas parcialmente desmatadas pode gerar retroespalhamento mais intenso que o da própria floresta densa ainda intacta (Saatchi; Soares; Alves, 1997; Almeida Filho et al., 2007).

Relatos da diferenciação de coberturas vegetais (Freitas et al., 2008) e inventários de biomassa (Santos et al., 2003) indicaram a contribuição de dados SAR aerotransportados na banda P (72 cm) também para estudos em floresta tropical no Brasil.

4.8.2 Estimativas de biomassa e inventários florestais com dados SAR
Os resultados de estudos com dados SAR para inventários florestais são variados, mas já se observa a utilização operacional de dados SAR para estimativas de variáveis florestais, principalmente para florestas temperadas e boreais.

Dados nas bandas L (Castel et al., 2001) e P-HV (Rauste et al., 1994) foram adequados para estimativas de volume de madeira. Castel et al. (2001) destacaram a importância da separação dos povoamentos florestais por idade (considerando, assim, a estrutura da vegetação) para incrementar a relação entre retroespalhamento e volume. Além de volume, densidade de indivíduos também pôde ser estimada com base em dados SAR, sendo esta a variável que controla a relação com o retroespalhamento.

A estimativa de variáveis biofísicas de florestas não tropicais com precisão comparável às obtidas por métodos tradicionais de campo requer dados SAR em diferentes bandas e/ou polarizações. Muitas vezes a estimativa não é direta e exige a utilização de diferentes métodos, como a divisão da floresta em classes estruturais e o estabelecimento de equações que relacionam retroespalhamento e variáveis florestais (geralmente por meio de regressões estatísticas), para posterior estimativa dessas variáveis (Dobson et al., 1995). Dados de biomassa florestal, apesar de fazerem parte da maioria dos inventários florestais, são tratados separadamente por serem peças-chave nas estimativas das emissões e sequestro de carbono atmosférico.

A importância da utilização de dados SAR em longos comprimentos de onda (bandas L e P, p.ex.) para a estimativa de biomassa está ligada à penetração das micro-ondas no dossel vegetal e à interação, principalmente, com as estruturas lenhosas dos troncos e galhos, onde a maior parte da biomassa está concentrada. A dependência do retroespalhamento à biomassa, entretanto, é indireta, e ocorre graças à relação existente entre a biomassa fresca e o conteúdo hídrico da vegetação (Le Toan et al., 1992).

A relação entre retroespalhamento e biomassa é limitada a partir de certos valores de biomassa, no fenômeno conhecido como saturação do retroespalhamento, uma função do comprimento de onda utilizado (Imhoff, 1995; Luckman et al., 1997; Kasischke; Melack; Dobson, 1997). A Tab. 4.3 apresenta os níveis de saturação na relação retroespalhamento/biomassa encontrados por alguns autores, de acordo com as diferentes bandas SAR. Por sua maior complexidade estrutural, nas formações tropicais essa saturação ocorre a valores mais baixos de biomassa. Quanto maior o comprimento de onda utilizado, maior o limite máximo de biomassa estimado a partir de dados SAR.

Para contornar o problema da saturação e aumentar os valores máximos de biomassa estimados com dados SAR, algumas alternativas foram propostas. O uso de razão de bandas e polarizações (nesse caso, a razão entre banda P e banda C, ambas HV) com a intenção de isolar a contribuição da biomassa e reduzir o efeito da estrutura da vegetação nos valores de retroespalhamento permitiu a estimativa de biomassa até 250 t ha^{-1} em floresta boreal (Ranson; Sun, 1994). Quiñones (2002) fez

Tab. 4.3 Níveis de saturação na relação retroespalhamento/biomassa

Autor	Tipo de floresta	Banda	Biomassa (T ha-1)
Sader (1987)	Latifoliadas e coníferas	L	100
Dobson et al. (1992)	Duas espécies de pínus	P e L	100-200
Rauste et al. (1994)	Coníferas	L	100
Imhoff (1995)	Coníferas e latifoliadas perenes	C	20
		L	40
		P	100
Rignot, Salas e Skole (1997)	Tropical	L	100
Luckman et al. (1997)	Tropical	L	60
Santos, Pardi Lacruz e Araújo (2002)	Contato floresta tropical/cerrado	L	60
Quiñones (2002)	Tropical	C, L e P	150
Santos et al. (2003)	Tropical	P	100
Magnusson et al. (2007)	Coníferas	L	120
Solberg et al. (2010)	Coníferas	X (InSAR)	Sem saturação detectada

uso de dados SAR polarimétricos e combinou dados de potência, fase e coerência em classificação, considerando tipos estruturais de florestas e, posteriormente, biomassa. Kuplich, Curran e Atkinson (2005) observaram alta correlação entre biomassa de floresta tropical e textura de imagens SAR, sugerindo, assim, o uso da textura SAR, juntamente com retroespalhamento, para estimativas de biomassa florestal.

Dados Alos/Palsar (cujas características estão resumidas na Tab. 4.2) nas quatro polarizações permitiram estimativas de biomassa de até 120 t ha^{-1} em florestas de coníferas na Suécia (Magnusson et al., 2007). Para as florestas boreais da Rússia (no projeto Siberia – SAR Imaging for Boreal Ecology and Radar Interferometry Applications), dados de coerência obtidos em passagens diárias dos satélites ERS-1 e ERS-2 foram utilizados no mapeamento de três níveis de volume florestal e áreas de vegetação arbustiva e solo nu (Gaveau; Baltzer; Plummer, 2003).

Estudos mais recentes, com dados e técnicas PolInSAR, indicam a utilidade destes para estimativas de altura de florestas (Walker; Kellndorfer; Pierce, 2007; Neumann; Ferro-Famil; Reigber, 2010). Como todos esses estudos necessitam de modelos matemáticos para a descrição da estrutura das florestas (e consequente aumento da complexidade dos modelos quando florestas tropicais – com sua diversidade inerente de estruturas – são consideradas), a inclusão da contribuição do retroespalhamento proveniente do solo e da contribuição volumétrica do dossel é uma inovação importante, que traz diminuição no erro quando a altura de florestas é estimada.

Outra forte tendência em trabalhos com dados SAR é a estimativa dos "centros de espalhamento" nas florestas (Garestier; Le Toan, 2010; Koch, 2010), com o objetivo de aumentar a precisão nas estimativas de altura e, eventualmente, de biomassa e demais variáveis de inventários florestais. As formas de aquisição e processamento de dados SAR orbitais estão em constante aperfeiçoamento, assim como suas aplicações em estudos de vegetação. Com a utilização de abordagens baseadas na fase do sinal de radar, novas técnicas são utilizadas, resolvendo limitações como a estimativa de biomassa florestal com a saturação na relação retroespalhamento/biomassa. Além dessa, o aumento na precisão dos mapas de cobertura vegetal, incluindo classes de degradação florestal e desmatamento, também está entre as aplicações de dados SAR das próximas décadas.

Aplicações 5

Seria muita pretensão apresentar, por meio de um único exemplo, todas as possibilidades de aplicação das técnicas de sensoriamento remoto no estudo da vegetação. O que pretendemos aqui é apenas e tão somente discorrer sobre algumas possibilidades, mais como motivação para reflexões mais profundas sobre tais aplicações do que para exaurir o tema.

Adotaremos uma sequência bem próxima daquela da apresentação dos temas contidos neste livro, com o objetivo de permitir ao leitor relacionar os itens dos exemplos com aqueles já discutidos.

Iniciaremos, então, com a apresentação de uma área de estudo que foi selecionada pela disponibilidade de dados tanto orbitais (imagens) como de campo. Depois, seguiremos com a apresentação das diferentes possibilidades.

5.1 Área de estudo

Selecionamos, como área de estudo, a Floresta Nacional do Tapajós (FNT), localizada no Estado do Pará, entre os paralelos de 2°45' e 4°10' de latitude sul e os meridianos de 54°45' e 55°30' de longitude oeste. Ela limita-se, ao norte, com o paralelo que cruza o km 50 da rodovia Cuiabá-Santarém (BR 167) e, ao sul, com a rodovia Transamazônica e os rios Cupari e Cuparitinga ou Santa Cruz; a leste, faz fronteira novamente com a rodovia Cuiabá-Santarém e, a oeste, com o rio Tapajós. Santarém, Alter do Chão, Aveiro, Belterra, Agrovila Presidente Médici e Rurópolis são os principais núcleos urbanos dessa região. A área total estimada da FNT é de 600.000 ha. A Fig. 5.1 apresenta a localização da área de estudo no contexto estadual com o auxílio de imagens do sensor ETM+ do satélite Landsat 7.

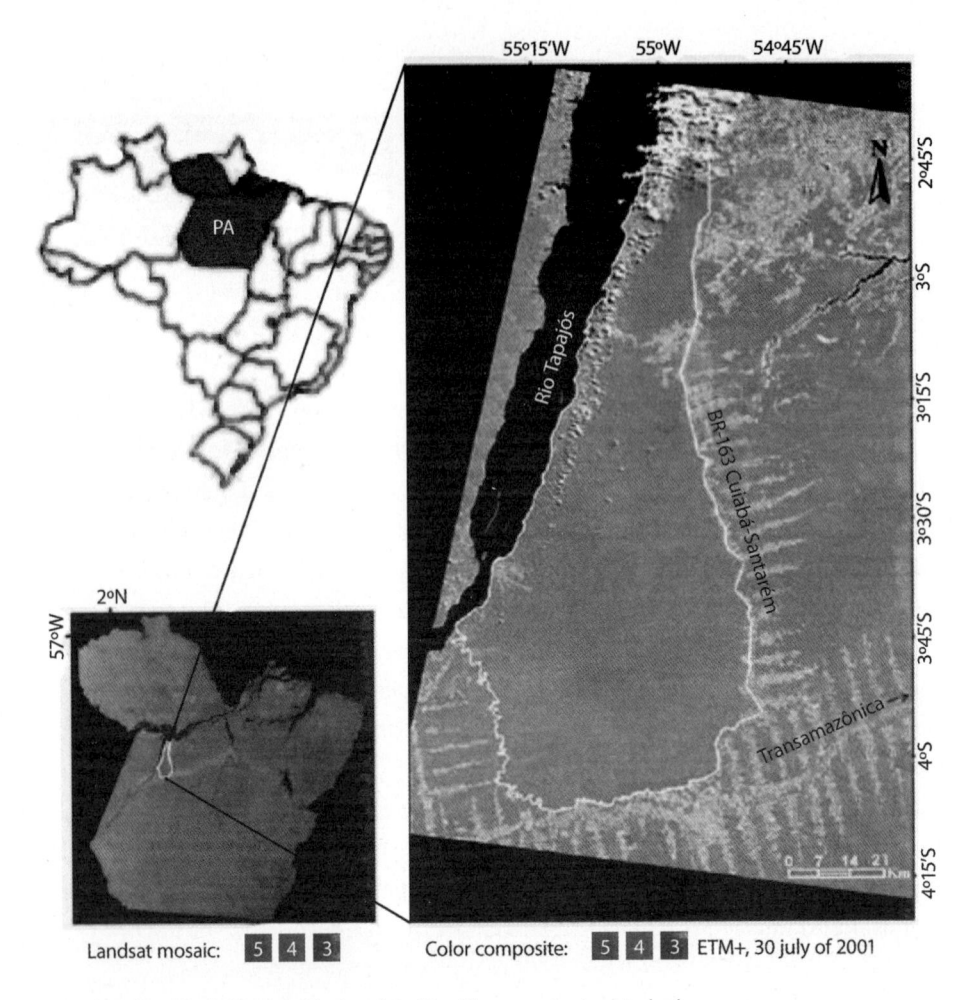

Fig. 5.1 Localização da Floresta Nacional do Tapajós no contexto estadual
Fonte: Espírito Santo (2003). (versão colorida - ver prancha 16)

O clima da região, conforme a classificação de Köppen, é do tipo AmW (clima tropical com temperatura média do dia mais frio do ano superior a 18°C). O período chuvoso ocorre de modo concentrado de fevereiro a maio, principalmente em março e abril, correspondendo a cerca de 17% de toda a pluviosidade nesse período.

Conforme Radambrasil (1976), a geomorfologia da área é caracterizada por duas unidades morfoestruturais bem distintas: o Planalto Rebaixado do Médio Amazonas, que se estende desde a planície amazônica, acompanhando a margem direita do rio Amazonas, até o Planalto Tapajós-Xingu, que é a segunda unidade morfológica em questão. O Planalto Rebaixado do Médio Amazonas apresenta cotas altimétricas de aproximadamente 100 m, relevos dissecados com forma tabular, drenagem adensada com incipiência de afundamento e formação de lagoas. Possui ainda colinas com ravinas e vales encaixados com superfícies aplainadas, inundadas periodicamente. Já o Planalto Tapajós-Xingu apresenta cotas que variam de 120 m a 170 m, sendo recortado pelo rio Tapajós. O relevo apresenta uma superfície de formação tabular, com rebordas erosivas e trechos com declividades fortes ou moderadas.

A cobertura vegetal da FNT, segundo Radambrasil (1976), inclui 16 fitofisionomias hierarquizadas basicamente em duas grandes fitofisionomias: a Floresta Tropical Densa (FTD) e a Floresta Tropical Aberta (FTA). A FTD apresenta duas subcategorias: (1) Floresta Tropical Densa de Baixas Altitudes (FTDBA) e (2) Floresta Tropical Densa Submontanas (FTDS). A primeira subcategoria ocorre em áreas de terras baixas, com cotas altimétricas inferiores a 100 m, pouca variação no declive e solos predominantemente argilosos. As espécies predominantes desse tipo de floresta incluem: sucupira (*Diplotropis* sp.), acariquara (*Minquartia guianensis* Aubl.), castanheira (*Bertholletia excelsa* H. B. K.) e cupiúba (*Goupia glabra* Aubl.). Essas florestas apresentam um alto volume de madeira de grande valor comercial. O segundo subgrupo da FTD é caracterizado por possuir árvores menores, que ocupam um relevo dissecado do Pré-Cambriano, entre cotas altimétricas de 100 m a 600 m. São característicos dessa floresta: muiraúba (*Mouriria brevipes* Gard in Hook), itaúba (*Mezilaurus itauba* (Meiss) Taub ex Mez.), mandioqueiras (*Qualea* sp.) e maçaranduba (*Manilkara huberi* (Ducke) Standl). O segundo grande grupo fisionômico da FTA ocorre geralmente nos platôs intensamente dissecados com erosão nos declives, vales estreitos e solos com textura média. Essa região é caracterizada por florestas com lianas e várias espécies de palmeiras, como açaí (*Euterpe oleracea* Mart.) e babaçu (*Orbignya phalerata* Mart.). Segundo Veloso, Rangel Filho e Lima (1991), essas florestas apresentam um aspecto degradado, onde as copas não se tocam.

Trata-se de uma área bastante explorada por pesquisadores de todo o mundo por ainda apresentar relativamente pouca alteração ambiental.

5.2 Caracterizando espectralmente

Como vimos anteriormente, quando desejamos caracterizar espectralmente objetos existentes na superfície terrestre mediante a utilização de dados orbitais, faz-se necessário converter os números digitais (NDs) presentes nas imagens em valores físicos.

Primeiramente, precisamos definir com quais imagens estaremos trabalhando. No nosso exemplo, trabalharemos com imagens do sensor ETM+ do satélite Landsat 7 referentes ao ano de 2001. Em se tratando dessas imagens, sabemos de antemão que a caracterização espectral pretendida será feita apenas em seis bandas espectrais (estamos descartando a imagem da região do termal e outra pancromática), e que devemos também levar em conta a resolução espacial das imagens desse sensor, que é de 30 m. A resolução espacial é um parâmetro muito importante na caracterização espectral por meio de imagens pictóricas, uma vez que o tamanho do *pixel*, aliado às dimensões dos objetos que pretendemos caracterizar, vai definir o grau de confiabilidade (pureza) da caracterização. Como também já foi discutido, *pixels* maiores tendem a incluir em seu interior um maior número de objetos com naturezas espectrais diferentes, o que limita bastante a caracterização.

Evidentemente, essa definição do tipo de imagem (sensor) com a qual se vai trabalhar deve ser consoante com o objetivo que se pretende atingir. Nesse sentido, a natureza e as características morfológicas do objeto que será espectralmente caracterizado já devem ter sido consideradas. No nosso caso específico, vamos aproveitar a classificação temática disponibilizada por Espírito Santo (2003), realizada com dados ETM+ referentes ao ano de 2001, a qual se encontra apresentada na Fig. 5.2 (p. 140) para uma pequena porção da superfície da FNT.

Vamos explorar, então, a legenda proposta por Espírito Santo (2003), imaginando um interesse fictício de caracterizar espectralmente todas as classes listadas na Fig. 5.2, com exceção das classes "F_alterada_fogo" (Floresta alterada por fogo), por ocupar algumas diminutas áreas dispersas pela FNT, e "Nuvem". Nesse caso, devemos extrair das imagens os valores de FRB de superfície para, então, analisarmos qualitativa ou quantitativamente as diferenças entre eles no que diz respeito a cada uma das classes

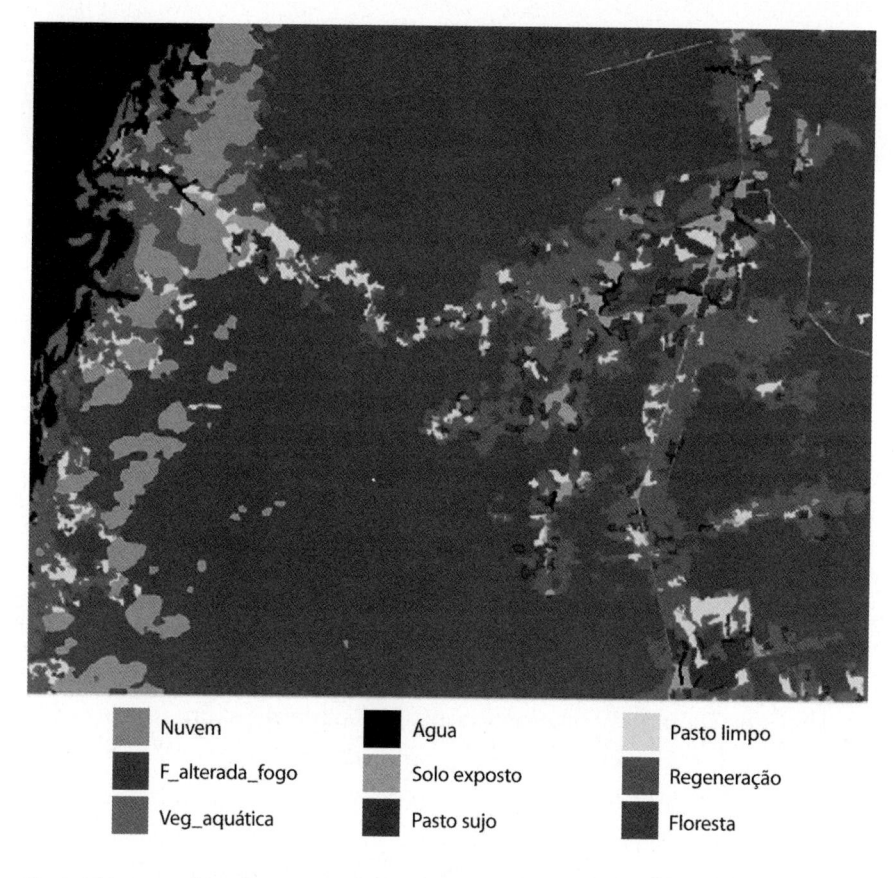

Fig. 5.2 Mapa temático de uma porção da FNT elaborado por Espírito Santo (2003) com dados ETM+ de 2001 (versão colorida - ver prancha 17)

em questão. Conforme já foi discutido em seções anteriores, essa conversão leva em conta parâmetros e coeficientes específicos para cada tipo de sensor, os quais geralmente têm como objetivo permitir a conversão para FRB aparente. A correção dos efeitos da atmosfera sobre esses valores de FRB aparente depende das possibilidades do usuário, de sua experiência com o manuseio desse ou daquele algoritmo ou até mesmo da disponibilidade de dados que permitam uma correção confiável.

No caso específico do exemplo que estamos apresentando, foi aplicado o modelo 6S de correção atmosférica. Os valores de FRB superfície referentes a cada uma das classes apresentadas na Fig. 5.2, extraídos de apenas um *pixel* para cada classe, encontram-se na Fig. 5.3.

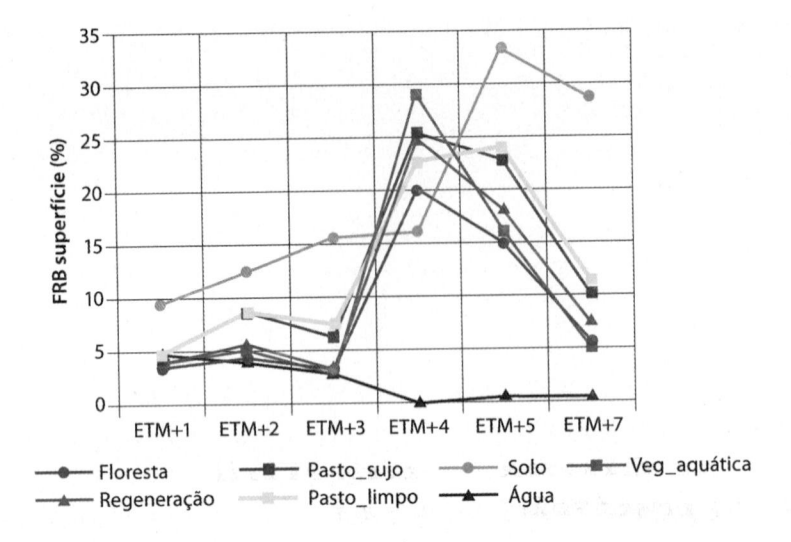

Fig. 5.3 Valores de FRB superfície extraídos de *pixels* específicos das imagens ETM+ de 2001, para cada classe apresentada na Fig. 5.2 (versão colorida - ver prancha 18)

É importante ressaltar que nesse processo de conversão de ND para FRB aparente ou de superfície existe a possibilidade de expressar o resultado em valores percentuais, assim como acontece no eixo Y da Fig. 5.3. Para tanto, faz-se necessário dividir o valor do "número digital" extraído da imagem já convertida para FRB superfície (ou aparente) por 2^n-1 (n = número de *bits*) e multiplicar o resultado por 100. No nosso exemplo, por se tratar de imagens de 8 *bits*, dividimos os valores das imagens convertidas para FRB superfície por 255 e, depois, multiplicamos por 100.

A rigor, não poderíamos plotar curvas dos valores de FRB (aparente ou de superfície) quando representamos valores discretos ao longo do eixo X, uma vez que os intervalos são amplos, não contínuos e não equidistantes. O mais "correto", então, seria compor um gráfico de barras. Contudo, essa estratégia apenas se justifica pela experiência já adquirida em observar a forma dessas curvas, plotadas segundo a concepção apresentada na Fig. 5.3. Senão vejamos: o primeiro aspecto que deve ser observado em curvas como essas, centradas na cobertura vegetal, é a forma das curvas na região do visível, caracterizada por baixos valores de FRB na banda do azul (ETM+1), valores relativamente mais elevados de FRB na região do verde (ETM+2) e, finalmente, valores baixos de FRB na banda do vermelho (ETM+3).

Ao compararmos o posicionamento de cada uma das curvas ainda nessa região espectral do visível, podemos observar que as classes "Floresta" e "Regeneração" apresentam curvas quase sobrepostas, indicando provável similaridade em suas propriedades químicas, ou que suas diferenças estruturais podem não ser suficientemente grandes para promover distinção em seus valores de FRB. À medida que analisamos classes com menor biomassa, observamos uma tendência de aumento dos valores de FRB nessa região espectral. Observa-se, ainda na região do visível, que as classes "Pasto_sujo" e "Pasto_limpo" também apresentam similaridade em seus valores de FRB, destacando-se valores ligeiramente superiores na banda do vermelho (ETM+3) para a classe "Pasto_limpo". Isso pode ser explicado pela maior presença de fitomassa fotossinteticamente ativa na classe "Pasto_sujo" em relação à classe "Pasto_limpo". Conforme esperado, a classe "Solo" apresenta os maiores valores de FRB, em razão da ausência de cobertura vegetal fotossinteticamente ativa. A forma da curva para essa classe descaracteriza-se daquela assumida quando há vegetação sobre a superfície, assumindo a forma típica dos solos refletirem a radiação eletromagnética incidente. As classes "Água" e "Veg_aquática" apresentam forma típica de reflectâncias de água límpida e de vegetação que ocupa espelho-d'água, com valores sempre muito baixos de FRB na região do visível.

Nas regiões do infravermelho próximo e médio, as classes "Floresta" e "Regeneração" apresentam valores de FRB relativamente distintos, com valores menores encontrados para a classe "Floresta" (a classe "Água" apresenta os menores valores de FRB nessa região espectral, mas estamos concentrados apenas nas classes referentes à cobertura vegetal). Na região do infravermelho próximo (ETM+4), o esperado seria exatamente o inverso, ou seja, os valores de FRB da classe "Floresta" deveriam ser superiores aos da classe "Regeneração". Isso ocorre porque a estrutura da floresta primária ("Floresta") difere das secundárias ("Regeneração"), principalmente pela maior estratificação horizontal (maior rugosidade), que geralmente implica maior sombreamento mútuo de folhas e demais partes aéreas das árvores. Esse sombreamento diminui a incidência da radiação eletromagnética sobre o dossel, acarretando a diminuição da reflectância nessa região espectral. Já na região do infravermelho médio (ETM+5 e ETM+7), os valores menores de FRB para a classe "Floresta" parecem coerentes, uma vez que, por apresentar maior biomassa do que as florestas em regeneração, espera-se maior quantidade de folhas e, consequentemente, maior quantidade de água no dossel, o que reduz a sua reflectância.

O aumento dos valores de FRB nas regiões do infravermelho próximo e médio para as demais classes refere-se principalmente à redução do sombreamento mencionado e da quantidade de água, devido à redução da biomassa, e a uma provável maior participação do solo, que deve ser bastante reflexivo nessas faixas espectrais. A classe "Veg_aquática" apresentou os maiores valores de FRB na região do infravermelho próximo, em razão, muito provavelmente, de uma estrutura que confere ao seu dossel uma superfície muito lisa na sua porção superior (minimizando sombras), mas com grande quantidade de folhas espalhando radiação eletromagnética. Já na região do infravermelho médio, os valores de FRB caem drasticamente, assemelhando-se aos valores encontrados para "Floresta" e "Regeneração", provavelmente por apresentar pouca diferenciação no conteúdo de água no interior das folhas em relação a essas classes em questão. Ainda para a região do infravermelho médio, a classe "Solo" foi a que apresentou os maiores valores de FRB, provavelmente pelos baixos índices de umidade, sugerindo pouco teor de argila.

As análises aqui apresentadas sobre as formas das curvas mostradas na Fig. 5.3 não passam de meras hipóteses calcadas em experiência prévia, documentada em diferentes trabalhos. Contudo, a real compreensão sobre os fatores que realmente estão explicando essas diferenciações só poderá ser adquirida mediante a realização de trabalhos de campo ou de acesso a dados que permitam comprová-las. São esses os trabalhos a que nos referimos, que incluem a caracterização espectral de alvos.

5.3 NDVI e modelo linear de mistura espectral

Vamos, agora, interpretar os resultados do cálculo do NDVI e da aplicação de um modelo linear de mistura espectral para a mesma FNT e para as mesmas classes consideradas por Espírito Santo (2003). Primeiramente, vamos observar a aparência de uma imagem NDVI e de uma imagem-fração vegetação de uma porção da FNT (Fig. 5.4), relacionando-a com uma composição colorida elaborada com imagens ETM+.

Visualmente, é possível observar alguma correspondência entre as feições apresentadas na composição colorida, associadas à cobertura vegetal e ao solo, e as feições correspondentes na imagem NDVI e na imagem-fração vegetação. As áreas mais escurecidas nas imagens NDVI e fração vegetação estão relacionadas às classes associadas a pouca biomassa, geralmente solo exposto, diferentes tipos de pastagens ou culturas agrícolas em diferentes estádios de desenvolvimento. Tal análise, porém, é aprimorada quando a fazemos numericamente.

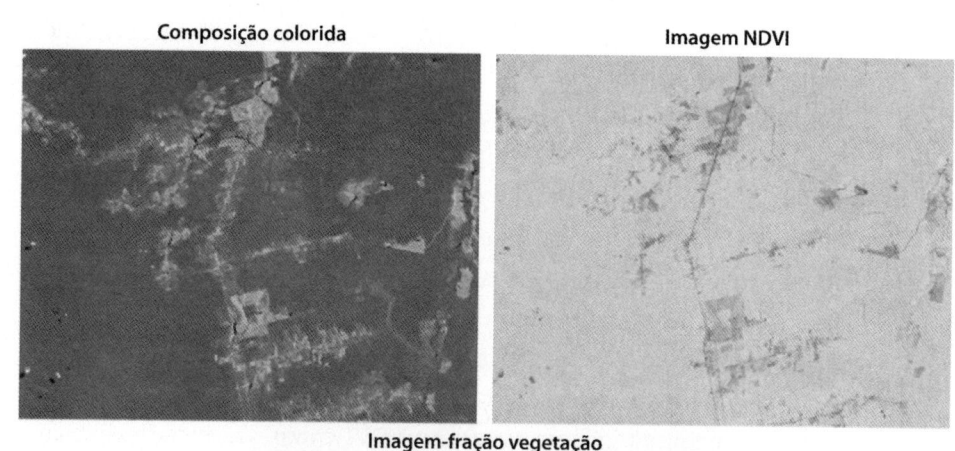

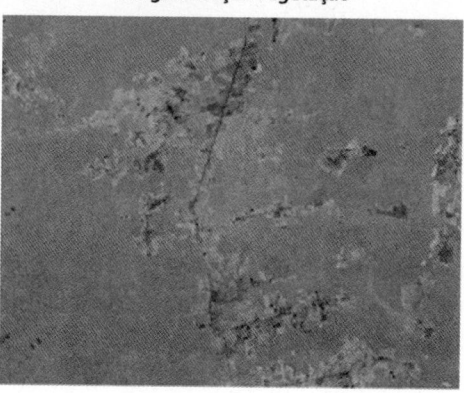

Fig. 5.4 Composição colorida e imagem NDVI referente a uma região da FNT (versão colorida - ver prancha 19)

A Fig. 5.5 apresenta um gráfico de barras com valores de NDVI e da fração vegetação oriundos do modelo linear de mistura espectral. As referidas classes já foram apresentadas na seção anterior, com exceção das classes "F_alterada_fogo", "Nuvem" e "Água", levando em consideração as imagens ETM+ de 2001 da região da FNT.

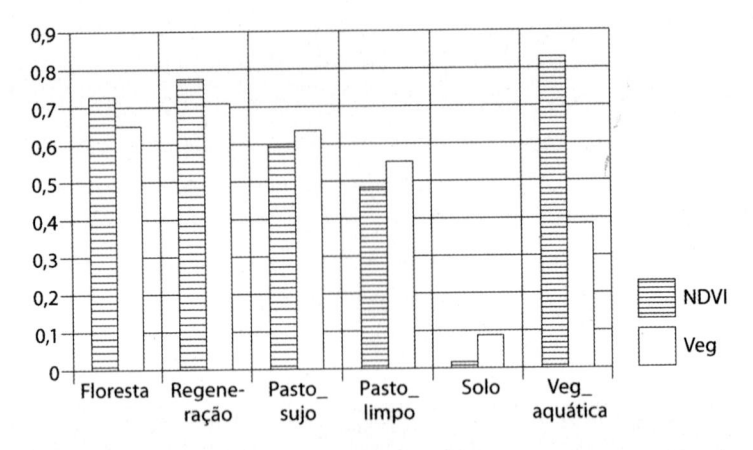

Fig. 5.5 Valores de NDVI e da fração vegetação para classes de vegetação consideradas por Espírito Santo (2003) para a região da FNT

A interpretação dos resultados apresentados na Fig. 5.5 requer muitos cuidados. Para que essa afirmação seja mais bem compreendida, precisamos, antes de mais nada, levar em conta tudo o que já vimos sobre a caracterização espectral das classes aqui consideradas. Devemos lembrar sempre que tudo o que estiver influenciando a reflectância dos diferentes dosséis estará interferindo também no cálculo de ambos os índices. Assim, os menores valores, tanto de NDVI como da fração vegetação, para a classe "Floresta" em relação à classe "Regeneração", também podem ser explicados pela maior quantidade de sombras no dossel da floresta primária em relação ao dossel em regeneração, o que mascara e compromete a relação direta esperada entre os índices e a biomassa.

À medida que caminhamos para classes com menor biomassa, os resultados aparentam ser coerentes, porém as magnitudes das diferenças entre os índices de uma classe para outra podem não manter estreitas correlações com as diferenças em suas biomassas. Isso nos leva a concluir que a aplicação de índices ou de frações não deve ser feita para comparar diferenças de biomassa ou estruturais entre diferentes classes fitofisionômicas, mas sim dentro de uma mesma classe. Assim, para valores de NDVI e de fração vegetação iguais a 0,6 e 0,5, respectivamente, encontrados em uma determinada localização, em uma dada fitofisionomia, comparados com outros valores de NDVI e de fração vegetação iguais a 0,2 e 0,1, respectivamente, obtidos em outra localização, pode-se dizer que seria esperada uma maior quantidade de fitomassa no primeiro ponto do que no segundo, ou que existem diferenças estruturais que conferem diferenciação a esses valores, de um ponto para o outro. O que não é seguro fazer é comparar valores desses índices entre diferentes fitofisionomias, ou seja, índices como o NDVI ou a fração vegetação de um modelo linear de mistura espectral não se prestam para a chamada "classificação" de fitofisionomias.

Outro ponto interessante que pode ser observado na Fig. 5.5 é a correlação entre os valores de NDVI e os da fração vegetação. Ambos seguem as mesmas tendências, mas a opção por este ou por aquele depende da natureza do trabalho que se pretende executar.

Pensando ainda em imagens-fração advindas da aplicação de modelos de mistura espectral, serão apresentados, a seguir, alguns exemplos de aplicações no setor florestal com a utilização de dados de diferentes sensores para atender a diferentes objetivos.

5.3.1 Mapeamento de cobertura vegetal de grandes áreas (nível regional)

As imagens-fração são importantes para trabalhos de mapeamento da cobertura vegetal. O uso dessas imagens, tanto individualmente como em conjunto, tem permitido mapear a cobertura vegetal em níveis local e regional, com o uso de dados de diferentes sensores.

A cobertura vegetal do Estado de Mato Grosso tem sido mapeada com a utilização das imagens-fração derivadas de sensores com diferentes resoluções espaciais e espectrais, como o AVHRR-Noaa (1,1 km) (Rodriguez Yi; Shimabukuro; Rudorff, 2000), o Vegetation/SPOT (1 km) (Carreiras; Shimabukuro; Pereira, 2002) e o Modis/Terra (250 m) (Anderson, 2004). Em nível local, as imagens-fração derivadas do sensor TM/Landsat 5 têm sido utilizadas em diferentes ecossistemas (mata atlântica, cerrado, amazônia etc.). A Fig. 5.6 apresenta a composição colorida e as imagens-fração correspondentes da vegetação, da sombra e do solo do Estado de Mato Grosso, derivadas da imagem Modis/Terra, obtida em agosto de 2002.

Como se pode observar na Fig. 5.6, as imagens-fração contêm informações úteis para a classificação da cobertura vegetal. Por exemplo, a imagem-fração vegetação (Fig. 5.6B) mostra a diferença, em tonalidades de cinza, entre as áreas de floresta e as áreas de cerrado. A imagem-fração solo (Fig. 5.6D) mostra a diferença entre as áreas preparadas para cultivo (cinza-claro), realçando também as diferenças entre as áreas de floresta e cerrado. Finalmente, a imagem-fração sombra (Fig. 5.6C) realça as áreas de vegetação em áreas úmidas.

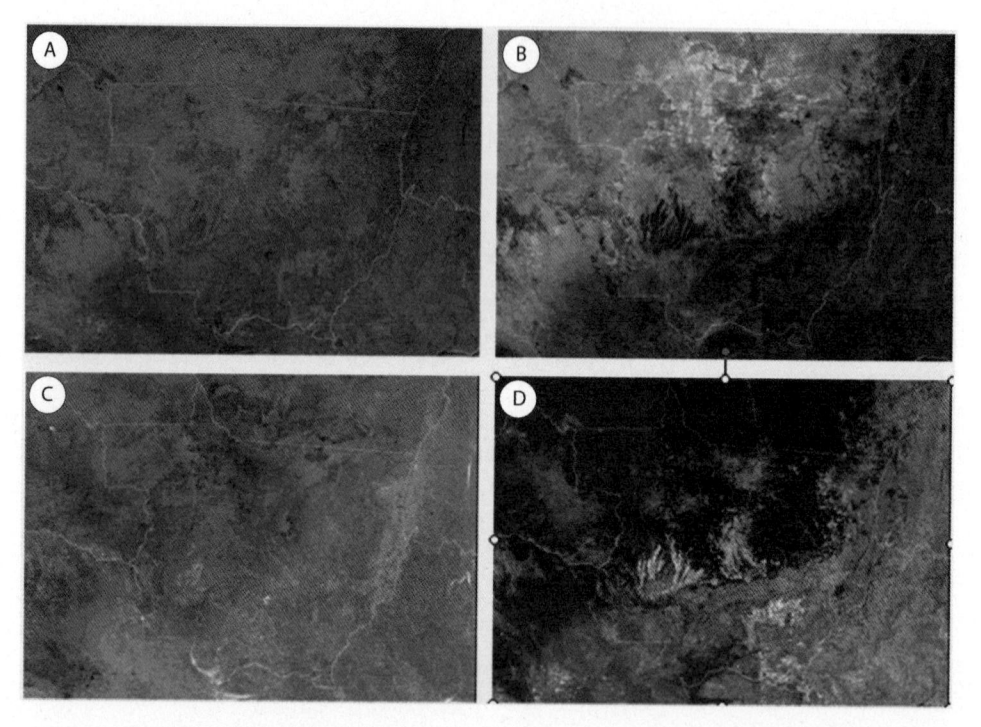

Fig. 5.6 (A) Composição colorida (R6 G2 B1) e imagens-fração correspondentes (B) da vegetação, (C) da sombra e (D) do solo do Estado de Mato Grosso, derivadas da imagem Modis/Terra obtida em agosto de 2002 (versão colorida - ver prancha 20).

5.3.2 Mapeamento e monitoramento de áreas desflorestadas e de queimadas

As imagens-fração foram de grande importância para o desenvolvimento do Projeto de Estimativa de Desflorestamento Bruto da Amazônia, fundamentado em dados digitais (Prodes Digital - Duarte et al., 1999) do Inpe. O projeto Prodes Digital é uma automatização das atividades desenvolvidas desde a década de 1970 em outro projeto que leva o mesmo nome (Prodes), mas fundamentado em dados analógicos (em forma de fotografias).

As imagens-fração foram utilizadas para a redução da dimensionalidade dos dados (isto é, o número de imagens provenientes de diferentes bandas; "atributos" é um sinônimo adequado) e também para realçar os contrastes entre a floresta e as áreas desflorestadas. A redução dos dados é importante, pois são necessárias 229 cenas do sensor TM/Landsat 5 (cada cena cobre aproximadamente 35.000 km^2) para a realização do projeto. O realce do contraste entre os alvos é importante para facilitar a classificação pelo computador. Para o mapeamento da extensão total de áreas desflorestadas, a imagem-fração sombra é utilizada para a interpretação digital, pois realça a diferença entre as áreas alteradas (desflorestamento antigo e recente) e as áreas de floresta primária ou preservada (Fig. 5.7). Para o mapeamento de novos desflorestamentos (incrementos anuais), a imagem-fração solo é a mais utilizada, pois realça as áreas recém-cortadas.

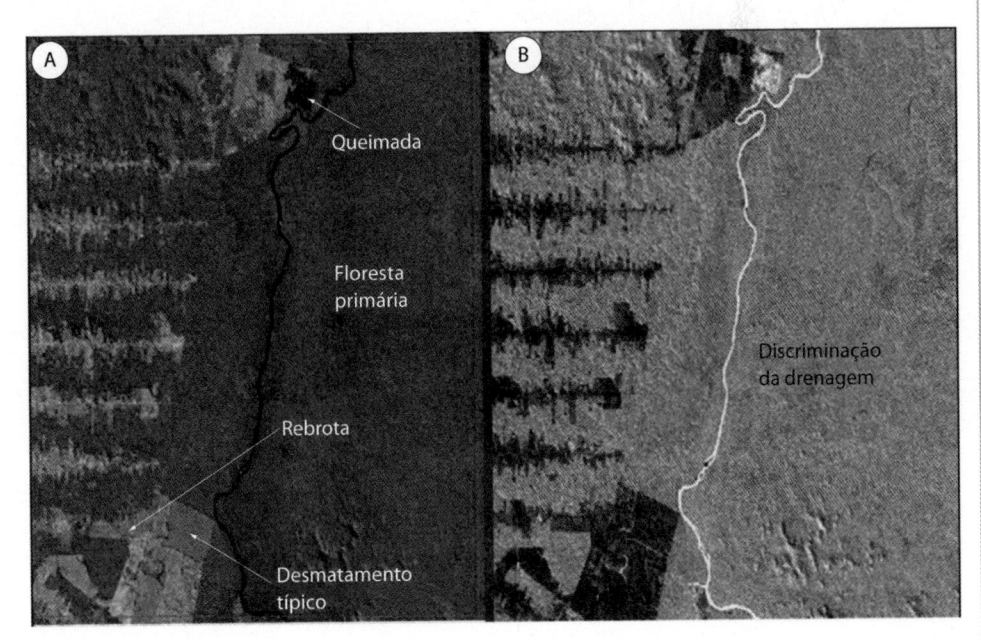

Fig. 5.7 (A) Composição colorida TM/Landsat 5 (bandas TM5, filtro vermelho; TM4, filtro verde e TM3, filtro azul) de uma área localizada no Estado de Rondônia e sua (B) imagem-fração sombra (versão colorida - ver prancha 21)

Nas imagens-fração vegetação, como aquela apresentada na Fig. 5.6, é possível verificar o destaque que elas proporcionam da drenagem do terreno, informação muitas vezes relevante no momento da interpretação digital.

Atualmente, as imagens-fração derivadas do sensor Modis/Terra estão sendo utilizadas para a detecção de áreas desflorestadas em tempo quase real (Projeto Deter, também conduzido pelo Inpe, em conjunto com o Ibama). Para isso, os procedimentos metodológicos foram adaptados da metodologia do Prodes Digital (Shimabukuro et al., 1998) para os dados do sensor Modis/Terra. Essa metodologia aplica a técnica de segmentação de imagens-fração derivadas do TM/Landsat 5, usando a classificação por crescimento de regiões seguida do procedimento de edição de imagem para minimizar os erros do classificador digital (omissão e inclusão). A Fig. 5.8 apresenta um esquema do procedimento adotado no Projeto Deter para a detecção quase simultânea de desflorestamentos na amazônia em três datas.

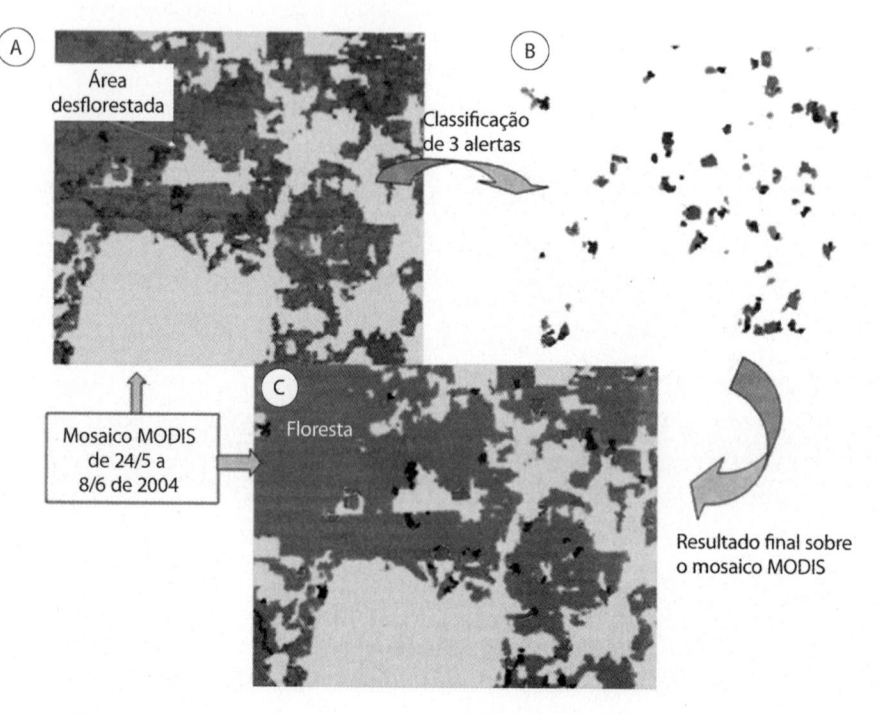

Fig. 5.8 Mapeamento de áreas desflorestadas detectadas em imagens sequenciais de três datas, obtidas pelo sensor Modis (versão colorida - ver prancha 22)

Além desse tipo de aplicação, as imagens-fração sombra estão sendo utilizadas para o mapeamento de áreas queimadas. A Fig. 5.9 apresenta a imagem-fração sombra derivada da imagem Modis/Terra obtida em julho de 2004 na região de Novo Progresso, no Estado do Pará. Pode-se observar que as áreas queimadas estão bem realçadas (áreas claras) na imagem-fração sombra, facilitando a interpretação por meio, especialmente, do processamento digital.

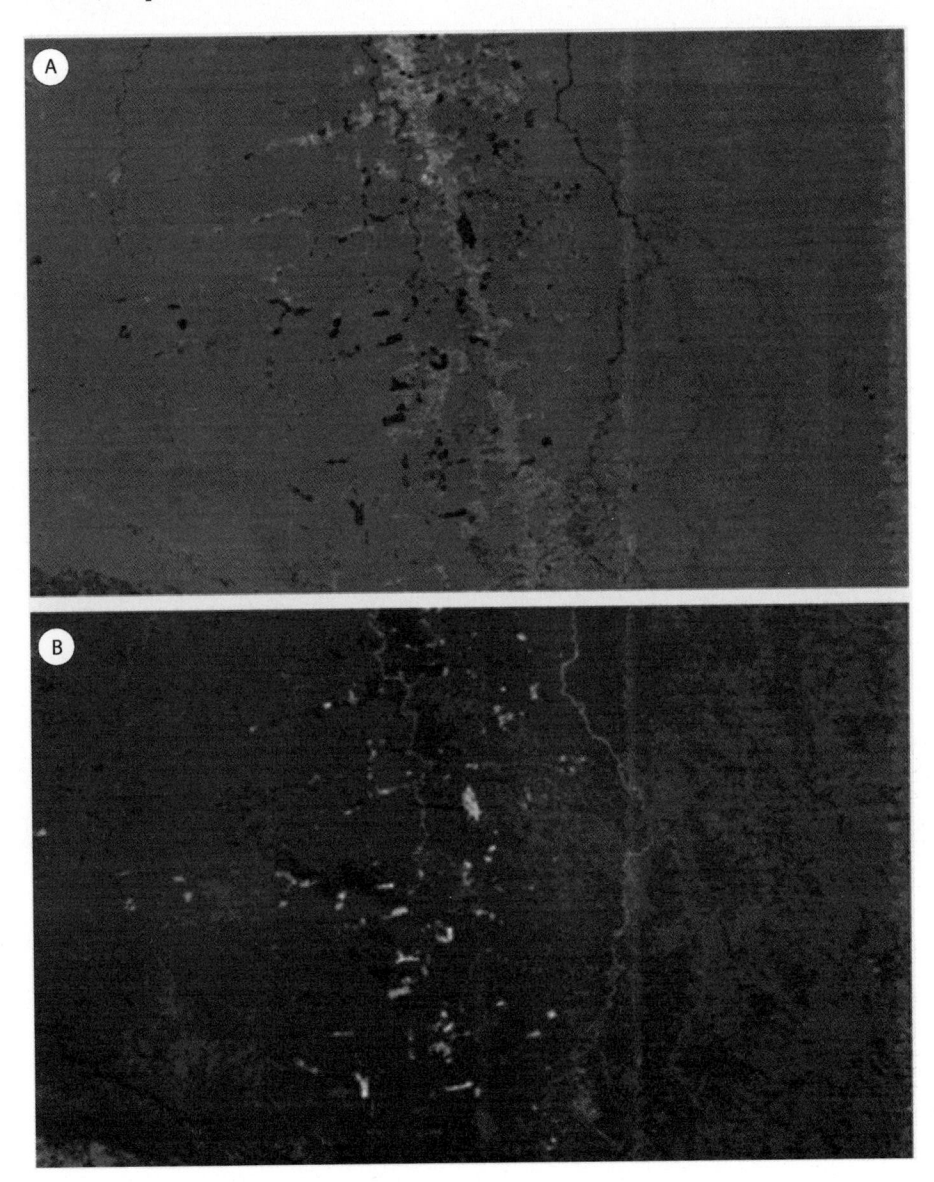

Fig. 5.9 Áreas queimadas na região de Novo Progresso, PA: (A) áreas escuras na composição colorida da imagem Modis/Terra de julho de 2004 e (B) áreas claras na imagem-fração sombra derivada dessa imagem Modis/Terra, mostrando as áreas queimadas (versão colorida - ver prancha 23)

Considerações finais

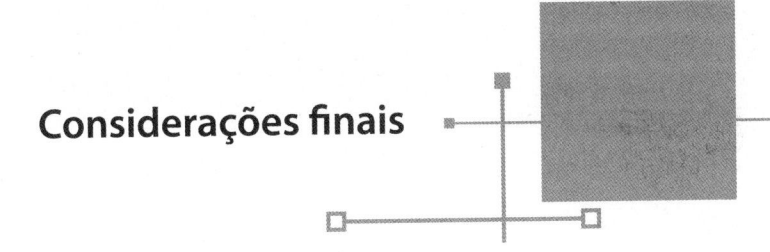

A aplicação das técnicas de sensoriamento remoto no estudo da vegetação constitui um campo ilimitado de trabalho para diferentes profissionais do universo acadêmico e/ou empresarial, e o sucesso das iniciativas nessa direção é diretamente proporcional ao grau de conhecimento que os profissionais envolvidos têm tanto da vegetação em si como dos fundamentos das técnicas de sensoriamento remoto.

O início de qualquer iniciativa de envolver sensoriamento remoto no estudo da vegetação – em qualquer um dos níveis de coleta de dados ou escala de trabalho – deve ser precedido por muitos cuidados e análises, procurando-se identificar as potencialidades e as limitações inerentes.

Esperamos, ao final deste livro, ter contribuído no fornecimento de informações suficientes para as mais profundas reflexões por parte daqueles que pretendem aplicar as técnicas de sensoriamento remoto em estudos de vegetação.

Referências bibliográficas

ALMEIDA FILHO, R.; ROSENQVIST, A.; SHIMABUKURO, Y. E.; SILVA-GOMEZ, R. Detecting deforestation with multitemporal L-band SAR imagery: a case study in Western Brazilian Amazônia. *International Journal of Remote Sensing*, v. 28, p. 1383-1390, 2007.

ANDERSON, L. O. *Classificação e monitoramento da cobertura vegetal de Mato Grosso utilizando dados multitemporais do sensor Modis*. 247 f. Dissertação (Mestrado em Sensoriamento Remoto) – Inpe (Inpe-12290-TDI/986), São José dos Campos, 2004.

ANTUNES, M. A. H. *Aplicação dos modelos de reflectância Suits e Sail no estudo do comportamento espectral da soja* (Glycine max (L.) Merrill). São José dos Campos: Inpe, 1993.

BOERNER, W. M. Recent advances in extra-wide band polarimetry, interferometry and polarimetric interferometry in synthetic aperture remote sensing and its applications. *IEE Proc. Radar Sonar Navig.* v. 150, n. 3, p. 113-123, jun. 2003.

BOYD, D. S.; DANSON, F. M. Satellite remote sensing of forest resources: three decades of research development. *Progress in Physical Geography*, v. 29, n. 1, p. 1-26, 2005.

CARREIRAS, J. M. B.; SHIMABUKURO, Y. E.; PEREIRA, J. M. C. Fraction images derived from Spot-4 Vegetation data to assess land-cover change over the State of Mato Grosso, Brazil. *International Journal of Remote Sensing*, v. 23, n. 23, p. 4979-4983, 2002.

CASTEL, T.; BEAUDOIN, A.; FLOURY, N.; LE TOAN, T.; CARAGLIO, Y.; BARCZI, J. F. Deriving forest canopy parameters for backscatter models using the AMAP architectural plant model. *IEEE Transactions on Geoscience and Remote Sensing*, v. 39, p. 571-583, 2001.

CHAVEZ, Jr. P. S. An improved dark-object subtraction technique for atmospheric scattering correction of multispectral data. *Remote Sensing of Environment*, v. 24, p. 459-479, 1988.

CHEN, J. M.; LEBLANC, S. G. A four-scale bidirectional reflectance model based on canopy architecture. *IEEE Transactions on Geoscience and Remote Sensing*, v. 30, n. 5, p. 1316-1337, 1997.

CLEMENTS, E. S. The relation of leaf structure to physical factors. *Transactions of the American Microscopical Society*, v. 26, p. 19-102, 1904.

CLOUDE, S. R.; POTTIER, E. An entropy based classification scheme for land applications of polarimetric SAR. *IEEE Transactions on Geoscience and Remote Sensing*, v. 35, p. 68-78, 1997.

CLOUDE, S. R.; PAPATHANASSIOU, K. P. Polarimetric SAR interferometry. *IEEE Transactions on Geoscience and Remote Sensing*, v. 36, p. 1551-1565, 1998.

COLWELL, J. E. Vegetation canopy reflectance. *Remote Sensing of Environment*, v. 3, p. 175-183, 1974.

DOBSON, M. C.; ULABY, F. T.; LE TOAN, T.; BEAUDOIN, A.; KASISCHKE, E. S.; CHRISTENSEN, N. Dependence of radar backscatter on coniferous forest biomass. *IEEE Transactions on Geoscience and Remote Sensing*, v. 30, n. 2, p. 412-415, 1992.

DOBSON, M. C.; ULABY, F. T.; PIERCE, L. E.; SHARIK, T. L.; BERGEN, K. M.; KELLNDORFER, J.; KENDRA, J. R.; LI, E.; LIN, Y. C.; NASHASHIBI, A.; SARABANDI, K.; SIQUEIRA, P. Estimation of forest biophysical characteristics in Northern Michigan with SIR-C/X-SAR. *IEEE Transactions on Geoscience and Remote Sensing*, v. 33, n. 4, p. 877-894, 1995.

DUARTE, V.; SHIMABUKURO, Y. E.; SANTOS, J. R.; MELLO, E. M.; MOREIRA, J. C.; MOREIRA, M. A.; SOUZA, R. C. M.; SHIMABUKURO, R. M. K.; FREITAS, U. M. *Metodologia para criação do Prodes digital e do banco de dados digitais da Amazônia - Projeto Baddam*. São José dos Campos: Inpe (Inpe-7032-PUD/035), 1999.

ESPÍRITO SANTO, F. D. B. *Caracterização e mapeamento da vegetação na região da Floresta Nacional do Tapajós através de dados ópticos, de radar e de inventários florestais*. Dissertação (Mestrado) – Inpe, São José dos Campos, 2003.

FREEMAN, A.; DURDEN, S. L. A three-component scattering model for polarimetric SAR data. *IEEE Transactions on Geoscience and Remote Sensing*, v. 36, n. 3, p. 963-973, 1998.

FREITAS, C.; SOLER, L. S.; SANT'ANNA, S. J. S.; DUTRA, L. V.; SANTOS, J. R.; MURA, J. C.; CORREIA, A. H. Land use and land cover mapping in the Brazilian Amazon using polarimetric airborne P-Band SAR Data. *IEEE Transactions on Geoscience and Remote Sensing*, v. 46, p. 2956-2970, 2008.

GARESTIER, F.; LE TOAN, T. Estimation of the backscatter vertical profile of a pine forest using single baseline P-Band (Pol-)InSAR data. *IEEE Transactions on Geoscience and Remote Sensing*, v. 48, n. 9, p. 3340-3348, 2010.

GATES, D. M.; KEEGAN, H. J.; SCHLETER, J. C.; WEIDNER, V. R. Spectral properties of plants. *Applied Optics*, v. 4, n. 1, p. 11-20, 1965.

GAVEAU, D. L. A.; BALTZER, H.; PLUMMER, S. E. Forest woody biomass classification with satellite-based radar coherence over 900 000 km² in Central Siberia. *Forest Ecology and Management*, v. 174, p. 65-75, 2003.

GILABERT, M. A.; CONESE, C.; MASELLI, F. An atmospheric correction method for the automatic retrieval of surface reflectances from TM images. *International Journal of Remote Sensing*, v. 15, n. 10, p. 2065-2086, 1994.

GOEL, N. S. Models of vegetation canopy reflectance and their use in estimation of biophysical parameters from reflectance data. *Remote Sensing Reviews*, v. 4, p. 1-21, 1988.

GOEL, N. S.; STREBEL, D. E. Simple beta distribution representation of leaf orientation in vegetation canopies. *Agronomy Journal*, v. 76, p. 800-803, 1984.

GREEN, R. O.; EASTWOOD, M. L.; SARTURE, C. M. Imaging spectroscopy and the Airborne Visible Infrared Imaging Spectrometer (Aviris). *Remote Sensing of Environment*, v. 65, n. 3, p. 227-248, 1998.

GUYOT, G. Synthése sur les propriétés optiques des couverts végétaux dans le spectre solaire. In: SPECTEL COLOQUIO INTERNACIONAL – PROPRIEDADES ESPECTRALES Y TELEDETECCION DE LOS SUELOS Y ROCAS DEL VISIBLE AL INFRARROJO MEDIO, La Serena, 1995. p. 27-70.

HALL, F. G.; STREBEL, D. E.; NICKESON, J. E.; GOETZ, S. J. Radiometric rectification: toward a common radiometric response among multidate, multisensor images. *Remote Sensing of Environment*, v. 35, p. 11-27, 1991.

HENDERSON, F. M.; LEWIS, A. J. Principles and applications of imaging radar. *Manual of Remote Sensing*, v. 2, p. 866, 1998.

HESS, L. L.; MELACK, J. M.; SIMONETT, D. S. Radar detection of flooding beneath the forest canopy: a review. *International Journal of Remote Sensing*, v. 11, n. 7, p. 1313-1325, 1990.

HUETE, A. R. A soil-adjusted vegetation index (Savi). *Remote Sensing of Environment*, v. 25, p. 295-309, 1988.

HUETE, A. R.; JACKSON, R. D.; POST, D. F. Spectral response of plant canopies with different soil background. *Remote Sensing of Environment*, v. 17, p. 37-53, 1985.

HUETE, A. R.; LIU, H. Q.; BATCHILY, K.; van LEEUWEN, W. A comparison of vegetation indices over a global set of TM images for EOS-Modis. *Remote Sensing of Environment*, v. 59, p. 440-451, 1997.

HYYPPA, J.; HYYPPA, H.; INKINEN, M.; ENGDAHL, M.; LINKO, S.; ZHU, Y. Accuracy comparison of various remote sensing data sources in the retrieval of forest stand attributes. *Forest Ecology and Management*, v. 128, p. 109-120, 2000.

IMHOFF, M. L. Radar backscatter and biomass saturation: ramifications for the global biomass inventory. *IEEE Transactions on Geoscience and Remote Sensing*, v. 33, n. 2, p. 511-518, 1995.

JACKSON, R. D.; PINTER, J. R.; IDSO, S. B.; REGINATO, R. J. Wheat spectral reflectance: interactions between configuration, sun elevation and azimuth angle. *Applied Optics*, v. 18, p. 3730-3732, 1979.

JENSEN, J. R. *Sensoriamento Remoto do Ambiente: uma perspectiva em recursos terrestres*. São José dos Campos: Parêntese, 2009.

JORDAN, C. F. Derivation of leaf area index from quality of light on the forest floor. *Ecology*, v. 50, p. 663-666, 1969.

JUSTICE, C. O.; VERMOTE, E.; TOWNSHEND, J. R. G.; DEFRIES, R.; ROY, D. P.; HALL, D. K.; SALOMONSON, V. V.; PRIVETTE, J. L.; RIGGS, G.; STRAHLER, A. The moderate resolution imaging spectroradiometer (Modis): land remote sensing for global change research. *IEEE Transactions on Geoscience and Remote Sensing*, v. 36, n. 4, p. 1228-1249, 1998.

KASISCHKE, E. S.; MELACK, J. M.; DOBSON, M. C. The use of imaging radars for ecological applications – a review. *Remote Sensing of Environment*, v. 59, p. 141-156, 1997.

KAUFMAN, Y. J.; TANRÉ, D. Atmospherically Resistant Vegetation Index (Arvi) for EOS-Modis. *IEEE Transactions on Geoscience and Remote Sensing*, v. 30, n. 2, p. 261-270, 1992.

KAUFMAN, Y. J.; HOLBEN, B. N. Calibration of the AVHRR visible and near-IR bands by atmospheric scattering, ocean glint and desert reflection. *International Journal of Remote Sensing*, v. 14, p. 21-52, 1993.

KAUFMAN, Y. J.; SETZER, A.; WARD, D.; TANRE, D.; HOLBEN, B. N.; MENZEL, P.; PEREIRA, M. C.; RASMUSSEN, R. Biomass burning airborne and spaceborne experiment in the Amazonas (Base-A). *Journal of Geophysical Research*, v. 97, n. D13, p. 14581-14599, 1992.

KAUTH, R. J.; THOMAS, G. S. The Tasseled cap-A graphic description of the spectral-temporal development of agricultural crops as seen by Landsat. In: SYMPOSIUM ON MACHINE PROCESSING OF REMOTELY SENSED DATA, Purdue University, West Lafayette, Indiana. Proceedings..., p. 4B-41-4B-50, 1976.

KIMES, D. S. Modeling the directional reflectance from complete homogeneous vegetation canopies with various leaf orientation distributions. *Journal of American Optical Society*, v. A1, p. 725-737, 1984.

KOCH, B. Status and future of laser scanning, synthetic aperture radar and hyperspectral remote sensing data for forest biomass assessment. *ISPRS Journal of Photogrammetry and Remote Sensing*, v. 65, n. 6, p. 581-590, 2010.

KUBELKA, V. P.; MUNK, F. Ein Beitrag Zur Optik Der Farbanstriche. *Z. Tech. Physik*, v. 11a, p. 593-601, 1931.

KUMAR, R. *Radiation from plants-reflection and emission*: a review. (Research project n. 5543). Purdue Research Foundation, 1974.

KUPLICH, T. M. Classifying regenerating forest stages in Amazônia using remotely sensed images and a neural network. *Forest Ecology and Management*, v. 234, p. 1-9, 2006.

KUPLICH, T. M.; CURRAN, P. J.; ATKINSON, P. M. Relating SAR image texture to the biomass of regenerating tropical forests. *International Journal of Remote Sensing*, v. 26, n. 21, p. 4829-4854, 2005.

KURVONEN, L.; HALLIKAINEN, M. T. Textural information of multitemporal ERS-1 and JERS-1 SAR images with applications to land and forest type classification in boreal zone. *IEEE Transactions on Geoscience and Remote Sensing*, v. 37, p. 680-689, 1999.

LEBLANC, S. G.; CHEN, J. M. A Windows Graphic User Interface (GUI) for the Five-Scale Model for Fast BRDF Simulations. *Remote Sensing Reviews*, v. 19, p. 293-305, 2000.

LECKIE, D. G.; RANSON, K. J. Forestry applications using imaging radar. In: HENDERSON, F. M.; LEWIS, A. J. (Ed.). *Principles and applications of imaging radar*. 3rd. New York: John Wiley, 1998. v. 2. p. 435-509.

LE TOAN, T.; BEAUDOIN, A.; RIOM, J.; GUYON, D. Relating forest biomass to SAR data. *IEEE Transactions on Geoscience and Remote Sensing*, v. 30, p. 403-411, 1992.

LEWIS, A. J.; HENDERSON, F. M. Radar fundamentals: the geoscience perspective. In: HENDERSON, F. M. A.; LEWIS, A. J. (Ed.). *Principles and applications of imaging radar*. New York: John Wiley, 1998. p. 131-181.

LIESENBERG, V. *Análise multiangular de fitofisionomias de Cerrado com dados MISR/Terra*. Dissertação (Mestrado) – Inpe, São José dos Campos, 2006.

LUCKMAN, A.; BAKER, J.; KUPLICH, T. M.; YANASSE, C. C. F.; FRERY, A. A study of the relationship between radar backscatter and regenerating tropical forest biomass for spaceborne SAR instruments. *Remote Sensing of Environment*, v. 60, n. 1, p. 1-13, 1997.

MADSEN, S. N.; ZEBKER, H. A. Imaging radar interferometry. In: HENDERSON, F. M.; LEWIS, A. J. (Org.). *Principles and applications of imaging radar*. 3. ed. Nova York: John Wiley, 1998. v. 2. p.359-380.

MAGNUSSON, M.; FRANSSON, J. E. S.; ERIKSSON, L. E. B.; SANDBERG, G.; JONFORSEN, G. S.; ULANDER, L. M. H. Estimation of forest stem volume using Alos Palsar satellite images. In: IEEE, IGARSS'2007. Barcelona: IEEE, 2007. p. 4343-4346.

MAJOR, D. J.; BEASLEY, B. W.; HAMILTON, R. I. Effect of maize maturity on radiation use efficiency. *Agronomy Journal*, v. 83, n. 5, p. 895-903, 1991.

MARKHAM, B. L.; BARKER, J. L. Landsat MSS and TM post-calibration dynamic ranges, exoatmospheric reflectances and at-satellite temperature. *EOSAT Landsat Technical Notes*, n. 1, Aug. 1986.

MESQUITA, Jr., H. N.; BITTENCOURT, M. D. Identificação de florestas estacionais semideciduais contíguas a fragmentos de cerrado no Estado de São Paulo com imagens Jers-1/SAR. In: XI SIMPÓSIO BRASILEIRO DE SENSORIAMENTO REMOTO, 2003, Belo Horizonte. Belo Horizonte: Inpe, 2003. p. 2233-2239.

MIRANDA, F. P.; FONSECA, L. E. N.; CARR, J. R. Semivariogram textural classification of Jers-1 (Fuyo-1) SAR data obtained over a flooded area of Amazon rainforest. *International Journal of Remote Sensing*, v. 19, p. 549-556, 1998.

NEUMANN, M.; FERRO-FAMIL, L.; REIGBER, A. Estimation of forest structure, ground, and canopy layer characteristics from multibaseline polarimetric interferometric SAR data. *IEEE Transactions on Geoscience and Remote Sensing*, v. 48, n. 3, p. 1086-1104, 2010.

NORMAN, J. M.; WELLES, J. M.; WALTER, E. A. Contrasts among bidirectional reflectances of leaves, canopies and soils. *IEEE Transactions of Geoscience and Remote Sensing*, v. 23, p. 659-668, 1985.

NOVO, E. M. de M. *Sensoriamento remoto: princípios e aplicações*. São Paulo: Edgard Blucher, 1989.

PEARSON, R. L.; MILLER, L. D. Remote mapping of standing crop biomass for estimation of the productivity of the short-grass praire. In: 8TH INTERNATIONAL SYMPOSIUM ON REMOTE SENSING OF ENVIRONMENT, 1972, Pawnee National Grassland, Colorado, Ann Arbor. *Proceedings...* p. 1357-1381.

PINTY, B.; VERSTRAETE, M. M. Gemi: a non-linear index to monitor global vegetation from satellites. *Vegetatio*, v. 101, n. 1, p. 15-20, 1992.

PODEST, E.; SAATCHI, S. S. Application of multiscale texture in classifying Jers-1 radar data over tropical vegetation. *International Journal of Remote Sensing*, v. 23, n. 7, p. 1487-1506, 2002.

PONZONI, F. J.; GONÇALVES, J. L. de M. *Caracterização espectral de sintomas relacionados às deficiências de nitrogênio (N), Fósforo (P) e de Potássio (K) em mudas de Eucalyptus saligna*. São José dos Campos: Inpe (Inpe-6136-PRP/199), 1997.

PULLIAINEN, J.; ENGDAHL, M.; HALLIKAINEN, M. Feasibility of multi-temporal interferometric SAR data for stand-level estimation of boreal forest stem volume. *Remote Sensing of Environment*, v. 85, p. 397-409, 2003.

QUIÑONES, M. *Polarimetric data for tropical forest monitoring. Studies at the Colombian Amazon*. 2002. 184 f. Dissertação (Doutorado) – Wageningen University, Wageningen, Netherlands, 2002.

RADAMBRASIL. *Santarém*: geologia, geomorfologia, pedologia, vegetação e uso potencial da terra (levantamento dos recursos naturais, v. 10). Rio de Janeiro: Departamento Nacional de Produto Mineral, 1976. p. 21.

RANSON, K. J.; SUN, G. Mapping biomass of a northern forest using multifrequency SAR data. *IEEE Transactions on Geoscience and Remote Sensing*, v. 32, n. 2, p. 388-395, 1994.

RANSON, K. J.; DAUGHTRY, C. S. T.; BIEHL, L. L. Sun angle, view angle and background effects on spectral response of simulated Balsan Fir canopies. *Photogrammetric Engineering and Remote Sensing*, v. 52, n. 5, p. 649-658, 1986.

RANSON, K. J.; VANDERBILT, V. C.; BIEHL, L. L.; ROBINSON, B. F.; BAUER, M. E. Soybean canopy reflectance as a function of view and illumination geometry. In: 15TH INTERNATIONAL SYMPOSIUM OF REMOTE SENSING OF ENVIRONMENT, University of Michigan, Ann Arbor, Michigan, USA. *Proceedings*... Ann Arbor, 1981. p. 853-865.

RANSON, K. J.; SUN, G.; KHARUK, V. I.; KOVACS, K. Characterization of forests in Western Sayani Mountains, Siberia from SIR-C SAR data. *Remote Sensing of Environment*, v. 75, p. 188-200, 2001.

RAO, V. R.; BRACH, E. J.; MARCK, A. R. Bidirectional reflectance of crops and the soil contribution. *Remote Sensing of Environment*, v. 8, p. 115-125, 1979.

RAUSTE, Y.; HAME, T.; PULLIAINEN, J.; HEISKA, K.; HALLIKAINEN, M. Radar-based forest biomass estimation. *International Journal of Remote Sensing*, v. 15, n. 14, p. 2797-2808, 1994.

RICHARDS, J. A. *Remote Sensing Digital Image Analysis*. Berlin: Springer-Verlag, 1986.

RICHARDSON, A. J.; WIEGAND, C. L. Distinguishing vegetation from soil background information. *Photogrammetric Engineering and Remote Sensing*, v. 44, p. 1541-1552, 1977.

RIGNOT, E.; SALAS, W. A.; SKOLE, D. L. Mapping deforestation and secondary growth in Rondônia, Brazil, using imaging radar and Thematic Mapper data. *Remote Sensing of Environment*, v. 59, p. 167-179, 1997.

RODRIGUEZ YI, J. L.; SHIMABUKURO, Y. E; RUDORFF, B. F. T. Image segmentation for classification of vegetation using NOAA/AVHRR data. *International Journal of Remote Sensing*, v. 21, n. 1, p. 167-172, 2000.

ROUSE, J. W.; HAAS, R. H.; SCHELL, J. A.; DEERING, D. W. Monitoring vegetation systems in the great plains with ERTS. In: EARTH RESOURCES TECHNOLOGY SATELLITE-1 SYMPOSIUM, 3., 1973, Washington. *Proceedings*... v. 1, sec. A, p. 309-317.

SAATCHI, S. S.; RIGNOT, E. Classification of boreal forest cover types using SAR images. *Remote Sensing of Environment*, v. 60, p. 270-281, 1997.

SAATCHI, S. S.; SOARES, J. V.; ALVES, D. S. Mapping deforestation and land use in Amazon rainforest by using SIR-C imagery. *Remote Sensing of Environment*, v. 59, p. 191-202, 1997.

SADER, S. A. Forest biomass, canopy structure and species composition relationships with multipolarization L-band Synthetic Aperture Radar data. *Photogrammetric Engineering and Remote Sensing*, v. 53, n. 2, p. 193-202, 1987.

SANTORO, M.; FRANSSON, J. E. S.; ERIKSSON, L. E. B.; MAGNUSSON, M.; ULANDER, L. M. H.; OLSSON, H. Signatures of Alos Palsar L-band backscatter in Swedish forest. *IEEE Transactions on Geoscience and Remote Sensing*, v. 47, n. 2, p. 4001-4019, 2009.

SANTOS, J. R.; PARDI LACRUZ, M. S.; ARAÚJO, L. S. Savanna and tropical rainforest biomass estimation using Jers-1 data. *International Journal of Remote Sensing*, v. 23, n. 7, p. 1217-1229, 2002.

SANTOS, J. R.; FREITAS, C. C.; ARAÚJO, L. S.; DUTRA, L. V.; MURA, J. C.; GAMA, F. F.; SOLER, L. S.; SANT'ANNA, S. J. S. Airborne P-band SAR applied to the above ground biomass studies in the Brazilian tropical rainforest. *Remote Sensing of Environment*, v. 87, n. 4, p. 483-493, 2003.

SERVELLO, E. L.; KUPLICH, T. M.; SHIMABUKURO, Y. E. Análise preliminar de imagens SAR polarimétricas e potencial de aplicações em florestas tropicais. *Revista Brasileira de Cartografia*, v. 62, p. 551-562, 2010.

SHIMABUKURO, Y. E.; ALMEIDA FILHO, R. Processamento digital de imagens multitemporais Landsat-5 TM e Jers-1 SAR aplicado ao mapeamento e monitoramento de áreas de alteração antrópica na Amazônia. *Geografia (Rio Claro)*, v. 27, p. 81-96, 2002.

SHIMABUKURO, Y. E.; BATISTA, G. T.; MELLO, E. M. K.; MOREIRA, J. C.; DUARTE, V. Using shade fraction image segmentation to evaluate deforestation in Landsat Thematic Mapper images of the Amazon region. *International Journal of Remote Sensing*, v. 19, n. 3, p. 535-541, 1998.

SHUL'GIN, I. A.; KLESHNIN, A. F. Correlation between optical properties of plant leaves and their chlorophyll content. *Doklady Akademii Nauk S.S.S.R.*, v. 125, n. 6, p. 1371, 1959. (Translation: A. I .B. S. Doklady 125, p. 119-121).

SILVA, E. L. S.; PONZONI, F. J. Comparação entre a reflectância hemisférica de folhas e a reflectância bidirecional de um dossel. *Revista Árvore*, v. 19, n. 4, p. 447-465, 1995.

SOLBERG, A.; RASMUS, A.; GOBAKKEN, T.; NAESSET, E; WEYDAHL, D. J. Estimating spruce and pine biomass with interferometric X-band SAR. *Remote Sensing of Environment*, v. 114, p. 2353-2360, 2010.

SOUSA, C. L. de; PONZONI, F. J.; RIBEIRO, M. C. Influência do tempo e do tipo de armazenamento na reflectância espectral de folhas de *Eucalyptus grandis* "ex-situ". *Revista Árvore*, v. 20, n. 2, p. 255-265, 1996.

SUITS, G. H. The calculation of the directional reflectance of a vegetative canopy. *Remote Sensing of Environment*, v. 2, p. 117-125, 1972.

SWAIN, P. H.; DAVIS, S. M. *Remote Sensing*: the quantitative approach. New York: McGraw-Hill, Inc., 1978.

TAGEEVA, S. V.; BRANDT, A. B.; DEREVYANKO, V. S. Changes in optical properties of leaves in the course of the growing season. *Doklady Akademii Nauk S.S.S.R.*, v. 135, n. 5, p. 1270, 1960. (Translation: A. I. B. S. Doklady 135, p. 266-268).

TANASE, M. A.; SANTORO, M.; WEGMÜLLER, U.; DE LA RIVA, J.; PÉREZ- CABELLO, F. Properties of X-, C- and L-band repeat-pass interferometric SAR coherence in Mediterranean pine forests affected by fires. *Remote Sensing of Environment*, v. 114, n. 10, p. 2182-2194, 2010.

TOUZI, R.; LANDRY, R.; CHARBONNEAU, F. J. Forest type discrimination using calibrated C-band Polarimetric SAR data. *Canadian Journal of Remote Sensing*, v. 30, p. 543-551, 2004.

TUCKER, C. J. Red and photographic infrared linear combinations for monitoring vegetation. *Remote Sensing of Environment*, v. 8, p. 127-150, 1979.

TUCKER, C. J.; GARRAT, M. W. Leaf optical system modeled as a stochastic process. *Applied Optics*, v. 16, p. 635-642, 1977.

ULABY, F. T. Radar response to vegetation. *IEEE Transactions on Antennas and Propagation*, v. 23, n. 1, p. 35-45, 1975.

VALERIANO, M. de M. *Reflectância espectral do trigo irrigado (Triticum aestivum, L.) por espectrorradiometria de campo e aplicação do modelo Sail*. São José dos Campos: Inpe (Inpe-5426-TDI/483), 1992.

VAN DER SANDEN, J. J.; HOEKMAN, D. H. Potential of airborne radar to support the assessment of land cover in a tropical rain forest environment. *Remote Sensing of Environment*, v. 68, p. 26-40, 1999.

VELOSO, H. P., RANGEL FILHO, A. L. R., LIMA, J. C. A. *Classificação da vegetação brasileira adaptada a um sistema universal*. Rio de Janeiro: IBGE, Departamento de Recursos Naturais e Ambientais, 1991.

VERHOEF, W.; BUNNIK, N. J. J. Influence of crop geometry on multispectral reflectance determined by the use of canopy reflectance models. In: INTERNATIONAL COLLOQUIUM ON SIGNATURES OF REMOTELY SENSED OBJECTS, Sept. 8-11, 1981, Avignon, France. *Proceedings...* p. 273-290.

WAGNER, W.; LUCKMAN, A.; VIETMEIER, J.; TANSEY, K.; BALZTER, H.; SCHMULLIUS, C.; DAVIDSON, M.; GAVEAU, D.; GLUCK, M.; LE TOAN, T.; QUEGAN, S.; SHVIDENKO, A.; WIESMANN, A.; YU, J. J. Large-scale mapping of boreal forest in Siberia using ERS tandem coherence and Jers backscatter data. *Remote Sensing of Environment*, v. 85, p. 125-144, 2003.

WALKER, W. S.; KELLNDORFER, J. M.; PIERCE, L. E. Quality assessment of SRTM C- and X-band interferometric data: Implications for the retrieval of vegetation canopy height. *Remote Sensing of Environment*, v. 106, p. 428-448, 2007.

WARING, R. H.; WAY, J.; HUNT, Jr., E. R.; MORRISSEY, L.; RANSON, K. J.; WEISHAMPEL, J. F.; OREM, R.; FRANKLIN, S. E. Imaging radar for ecosystems studies. *BioScience*, v. 45, p. 715-723, 1995.

WEGMÜLLER, U.; WERNER, C. L. SAR interferometric signatures of forest. *IEEE Transactions on Geoscience and Remote Sensing*, v. 33, p. 1153-1161, 1995.

WU, S. T. Analysis of Synthetic Aperture Radar data acquired over a variety of land cover. *IEEE Transactions on Geoscience and Remote Sensing*, v. 22, p. 550-557, 1984.

YANASSE, C. C. F.; SANT'ANNA, S. J. S.; FRERY, A.; RENNO, C. D.; SOARES, J. V.; LUCKMAN, A. Exploratory study of the relationship between tropical forest regeneration stages and SIR-C L- and C-data. *Remote Sensing of Environment*, v. 59, p. 180-190, 1997.

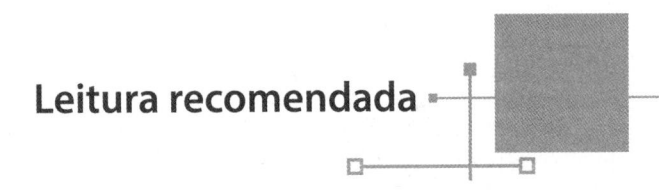

Leitura recomendada

ADAMS, J. B.; SMITH, M. O.; JOHNSON, P. E. Spectral mixture modeling: a new analysis of rock and soil types at the Viking Lander 1 site. *Journal of Geophysical Research*, v. 91, n. B8, p. 8098-8112, 1986.

ADAMS, J. B.; SMITH, M. O.; GILLESPIE, A. R. Imaging spectroscopy: interpretation based on spectral mixture analysis. In: PIETERS, C. M.; ENGLERT, P. A. (Ed.) *Remote geochemical analysis: elemental and mineralogical composition*. New York: Cambridge University Press, 1993. cap. 7. p. 145-166.

ADAMS, J. B.; SABOL, D. E.; KAPOS, V.; ALMEIDA FILHO, R.; ROBERTS, D. A.; SMITH, M. O.; GUILLESPIE, A. R. Classification of multispectral images based on fractions of endmembers: application to land-cover change in the Brazilian Amazon. *Remote Sensing of Environment*, v. 52, p. 137-152, 1995.

AGUIAR, A. P. D. Utilização de atributos derivados de proporções de classes dentro de um elemento de resolução de imagem (pixel) na classificação multiespectral de imagens de sensoriamento remoto. Dissertação (Mestrado) – Inpe, São José dos Campos, 1991.

AGUIAR, A. P. D.; SHIMABUKURO, Y. E.; MASCARENHAS, N. D. A. Use of synthetic bands derived from mixing models in the multispectral classification of remote sensing images. *International Journal of Remote Sensing*, v. 20, n. 4, p. 647-657, 1999.

CARREIRAS, J. M. B.; SHIMABUKURO, Y. E.; PEREIRA, J. M. C. Fraction images derived from Spot-4 vegetation data to assess land-cover change over the State of Mato Grosso, Brazil. *International Journal of Remote Sensing*, v. 23, n. 23, p. 4979-4983, 2002.

COCHRANE, M. A.; SOUZA, C. M. Linear mixture model classification of burned forest in the Eastern Amazon. *International Journal of Remote Sensing*, v. 19, n. 17, p. 3433-3440, 1998.

CROSS, A.; SETTLE, J. J.; DRAKE, N. A.; PAIVINEN, R. T. M. Subpixel measurement of tropical forest cover using AVHRR data. *International Journal of Remote Sensing*, v. 12, n. 5, p. 1119-1129, 1991.

GARCÍA-HARO, F.; GILABERT, M.; MELIÁ, J. Linear spectral mixture modelling to estimate vegetation amount from optical spectral data. *International Journal of Remote Sensing*, v. 17, n. 17, p. 3373-3400, 1996.

HALL, F. G.; SHIMABUKURO, Y. E.; HUEMMRICH, K. F. Remote sensing of forest biophysical structure in boreal stands of *Picea mariana* using mixture decomposition and geometric reflectance models. *Ecological Applications*, v. 5, p. 993-1013, 1995.

HLAVKA, C.; SPANNER, M. Unmixing AVHRR imagery to assess clearcuts and forest regrowth in Oregon. *IEEE Transactions on Geoscience and Remote Sensing*, v. 33, n. 3, p. 788-795, 1995.

HOLBEN, B.; SHIMABUKURO, Y. E. Linear mixing model applied to coarse spatial resolution data from multispectral satellite sensors. *International Journal of Remote Sensing*, v. 14, n. 11, p. 2231-2240, 1993.

JACKSON, R. D. Spectral indices in n-space. *Remote Sensing of Environment*, v. 13, p. 409-421, 1983.

JACKSON, R. D.; HUETE, A. R. Interpreting vegetation indices. *Preventive Veterinary Medicine*, v. 11, p. 185-200, 1991.

JASINSKI, M.; EAGLESON, P. Estimation of subpixel vegetation cover using red-infrared scattergrams. *IEEE Transactions on Geoscience and Remote Sensing*, v. 28, n. 2, p. 253-267, 1990.

NOVO, E. M. L. M.; SHIMABUKURO, Y. E. Spectral mixture analysis of inland tropical waters. *International Journal of Remote Sensing*, v. 15, n. 6, p. 1354-1356, 1994.

NOVO, E. M. L. M.; SHIMABUKURO, Y. E. Identification and mapping of the Amazon floodplain habitats using a mixing model. *International Journal of Remote Sensing*, v. 18, n. 3, p. 663-670, 1997.

PEDDLE, D.; HALL, F.; LEDREW, E. Spectral mixture analysis and geometric-optical reflectance modeling of boreal forest biophysical structure. *Remote Sensing of Environment*, v. 67, p. 288-297, 1999.

PRICE, J. C. Calibration of satellite radiometers and the comparison of vegetation indices. *Remote Sensing of Environment*, v. 21, p. 15-27, 1987.

QUARMBY, N.; TOWNSHEND, J. R.; SETTLE, J. J.; WHITE, K. H. Linear mixture modelling applied to AVHRR data for crop area estimation. *International Journal of Remote Sensing*, v. 13, n. 3, p. 415-425, 1992.

ROBERTS, D. A.; NUMATA, I.; HOLMES, K.; CHADWICK, O.; BATISTA, G.; KRUG, T. Large area mapping of land-cover change in Rondônia using multitemporal spectral mixture analysis and decision tree classifiers. *Journal of Geophysical Research*, v. 107, n. D20, p. 40001-40017, 2002.

SHIMABUKURO, Y. E. *Shade images derived from linear mixing models of multispectral measurements of forested areas*. Thesis (Doctor of Phylosophy) – Colorado State University, 1987.

SHIMABUKURO, Y. E.; SMITH, J. A. The least-squares mixing models to generate fraction images derived from remote sensing multispectral data. *IEEE Transactions on Geoscience and Remote Sensing*, v. 29, p. 16-20, 1991.

SHIMABUKURO, Y. E.; SMITH, J. A. Fraction images derived from Landsat TM and MSS data for monitoring reforested areas. *Canadian Journal of Remote Sensing*, v. 21, n. 1, p. 67-74, 1995.

SHIMABUKURO, Y. E.; NOVO, E. M. L. M.; PONZONI, F. J. Índice de vegetação e modelo de mistura espectral no monitoramento do Pantanal. *Pesquisa Agropecuária Brasileira (PAB)*, v. 33, p. 1729-1737, 1998.

SMITH, M. O.; JOHNSTON, P. E.; ADAMS, J. B. Quantitative determination of mineral types and abundances from reflectance espectra using principal component analysis. *Journal of Geophysical Research*, n. 90, p. 797-804, 1985.

VAN DER MEER, F. Spectral unmixing of Landsat thematic mapper data. *International Journal of Remote Sensing*, v. 16, n. 16, p. 3189-3194, 1995.

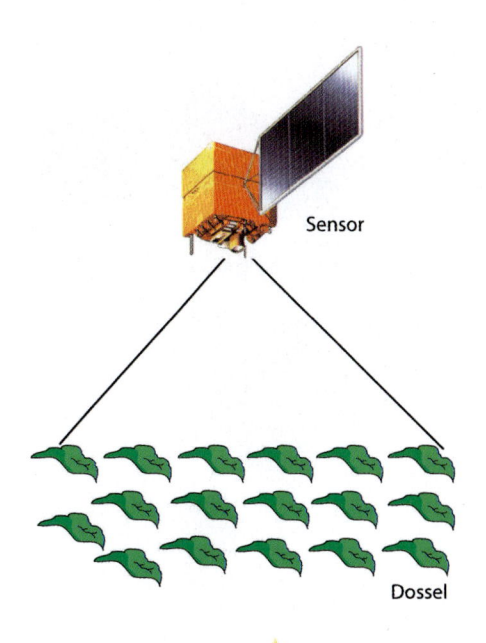

Prancha 1 Dossel hipotético constituído somente por folhas horizontalmente posicionadas, observado por um sensor remotamente situado

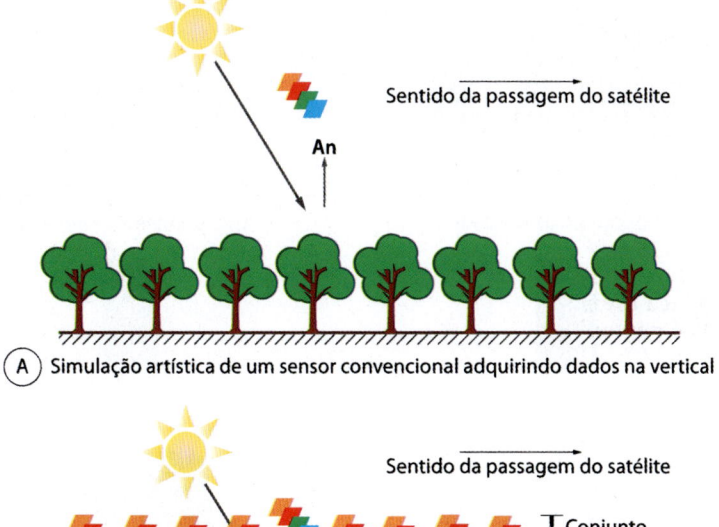

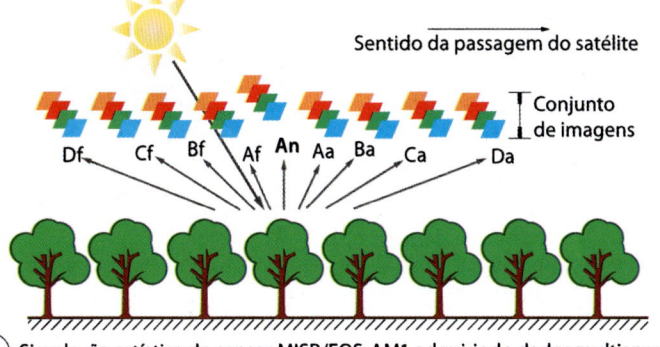

(A) Simulação artística de um sensor convencional adquirindo dados na vertical

(B) Simulação artística do sensor MISR/EOS-AM1 adquirindo dados multiangulares

Prancha 2 Simulações artísticas do imageamento de (A) um sensor convencional na vertical nadir e do (B) sensor multiangular MISR, para uma mesma formação florestal hipotética
Fonte: Liesenberg (2006).

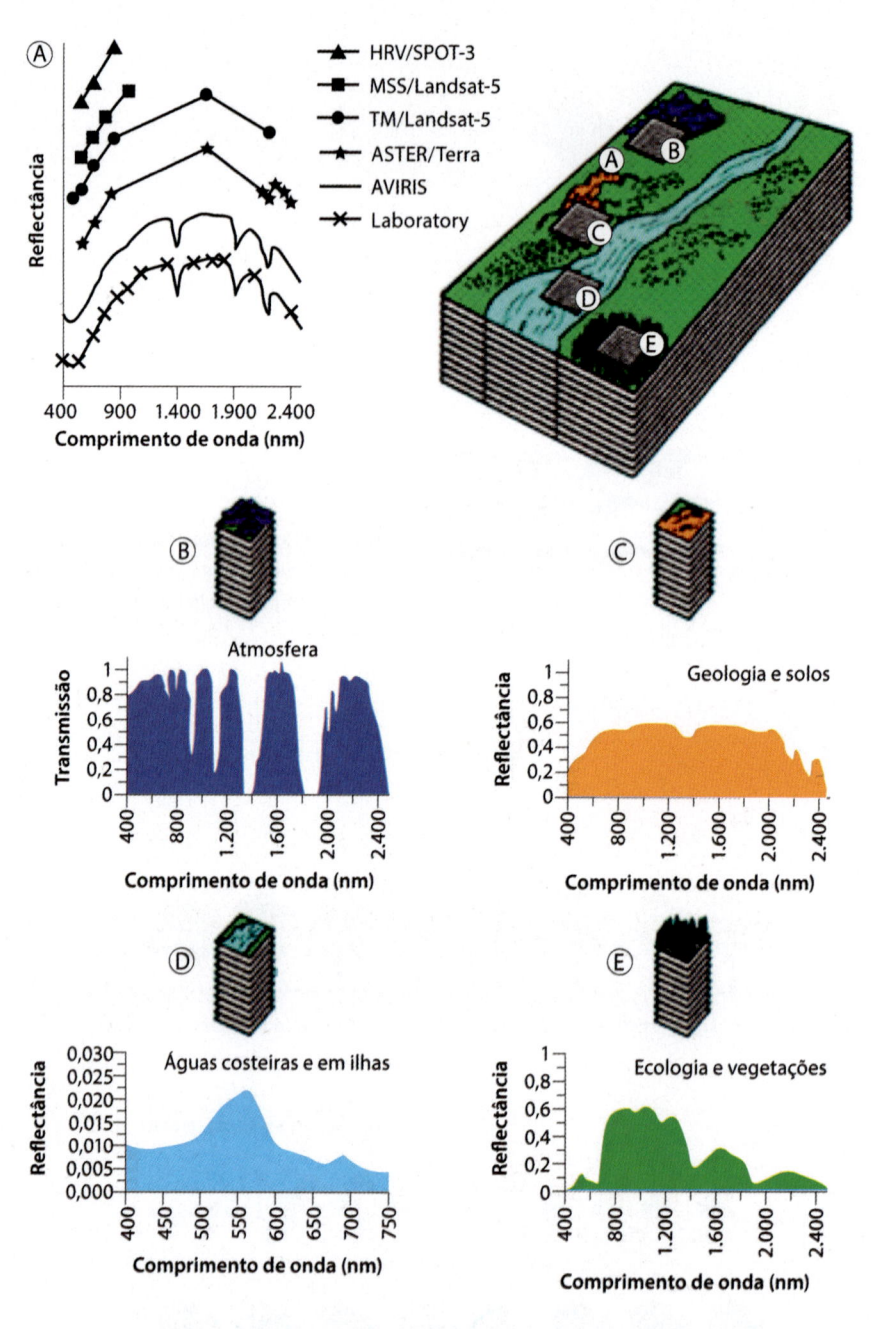

Prancha 3 Representação esquemática do Sensoriamento Remoto Hiperespectral
Fonte: adaptado de Green, Eastwood e Sarture (1998).

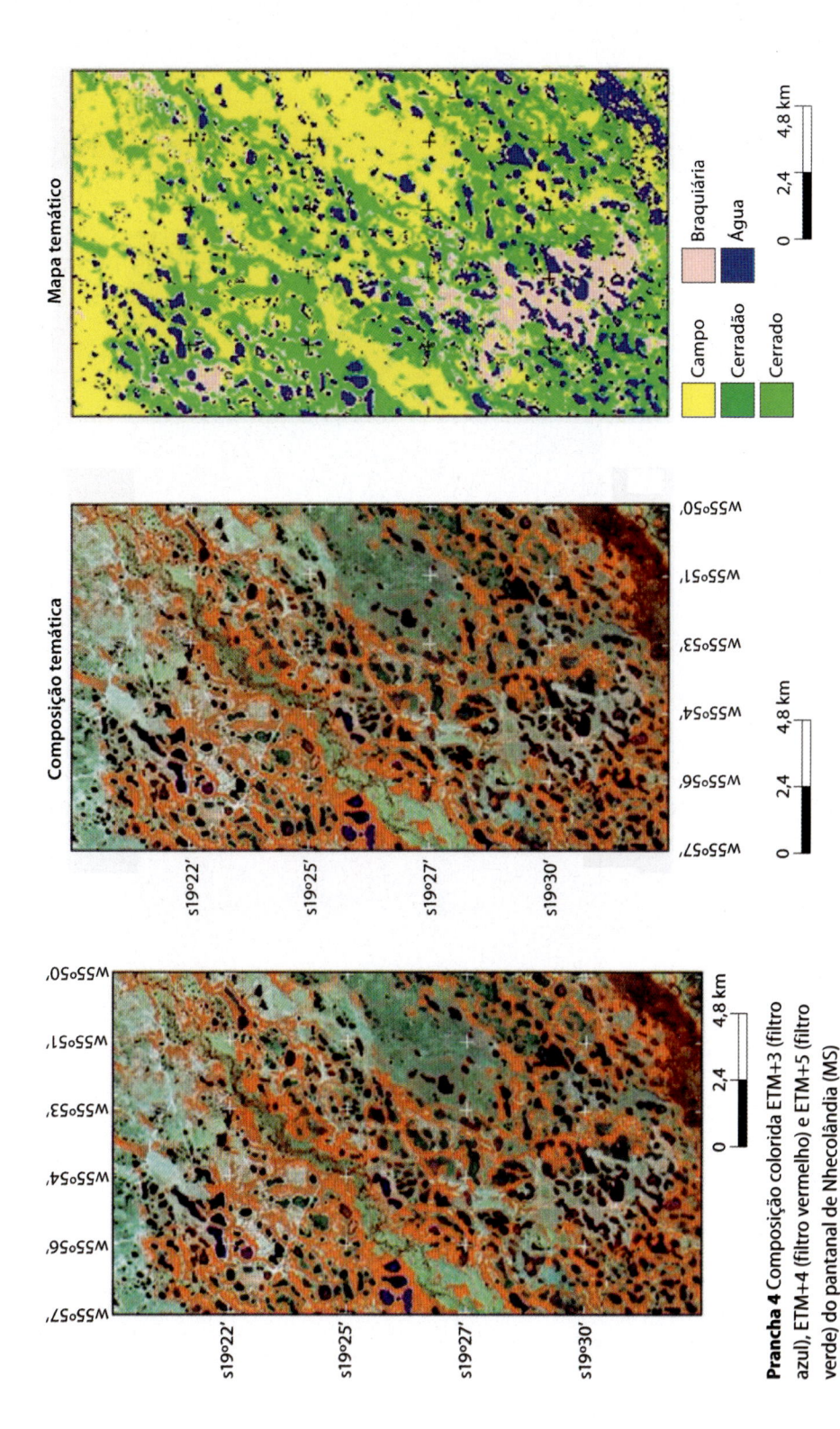

Prancha 4 Composição colorida ETM+3 (filtro azul), ETM+4 (filtro vermelho) e ETM+5 (filtro verde) do pantanal de Nhecolândia (MS)

Prancha 5 Composição colorida (ETM3-azul, ETM4-vermelho e ETM5-verde) de parte do pantanal de Nhecolândia (MS) e mapa temático resultante da interpretação visual

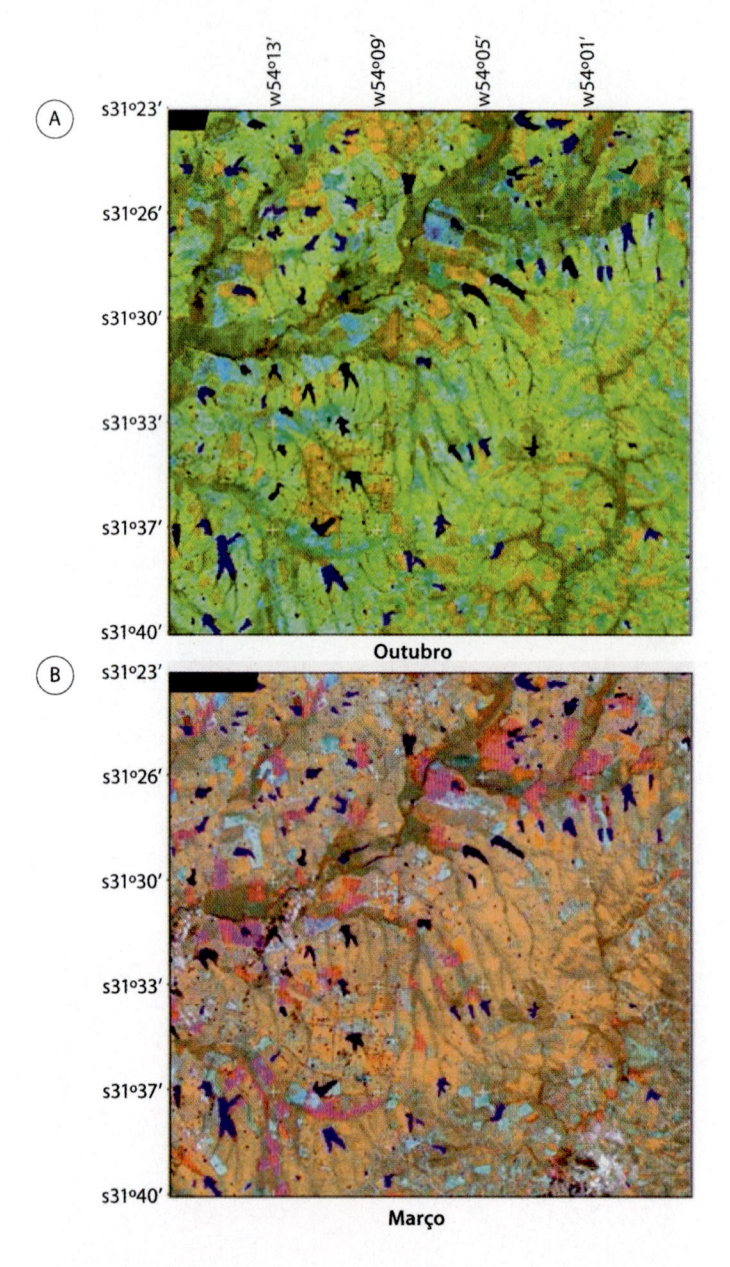

Prancha 6 Composições coloridas (TM/Landsat 5 nas bandas TM3-azul, TM4-vermelho e TM5-verde) de uma porção do Estado do Rio Grande do Sul, referentes a duas datas de coleta de dados: (A) outubro/2002 e (B) março/2003

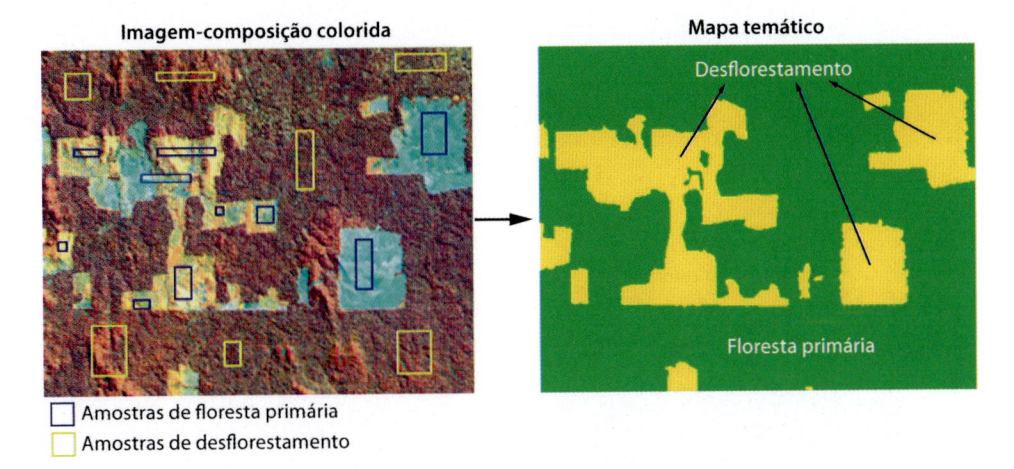

Prancha 7 Amostras de treinamento para elaboração de mapa temático composto pelas classes Floresta primária e Desflorestamento

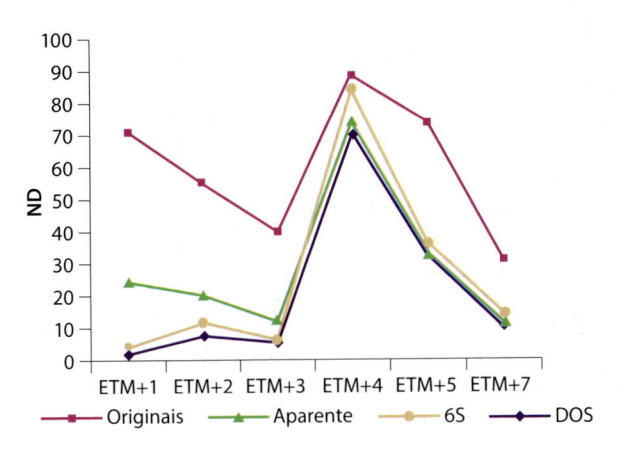

Prancha 8 Dinâmica dos NDs de uma formação vegetal de porte arbóreo existente no bioma pantanal (Estado do Mato Grosso do Sul) convertidos para FRB aparente e de superfície (6S e Dark Object Subtraction (DOS))

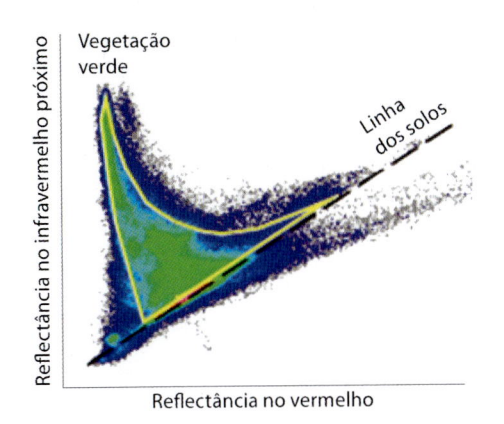

Prancha 9 IVP x visível
Fonte: adaptado de <http://www.microimages.com/documentation/cplates/71TASCAP.pdf>.

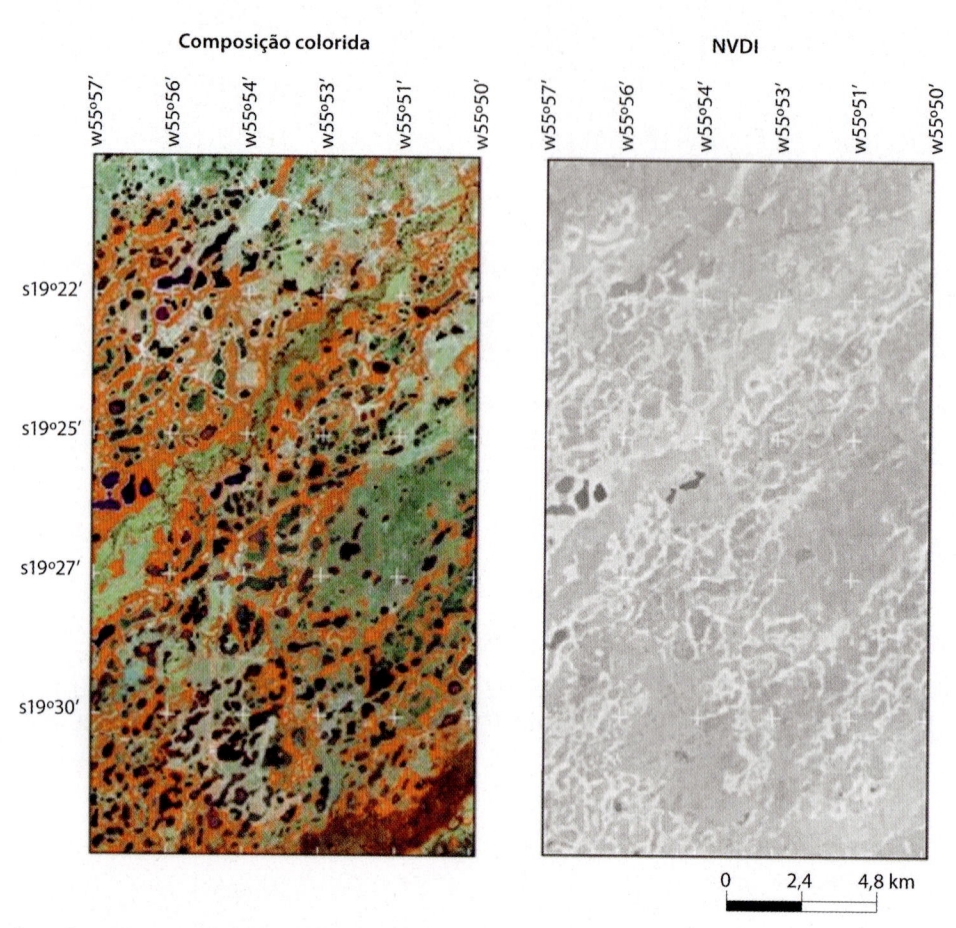

Prancha 10 Composição colorida (ETM3-azul, ETM4-vermelho e ETM5-verde) do pantanal de Nhecolândia (MS) e imagem NDVI correspondente a essa cena

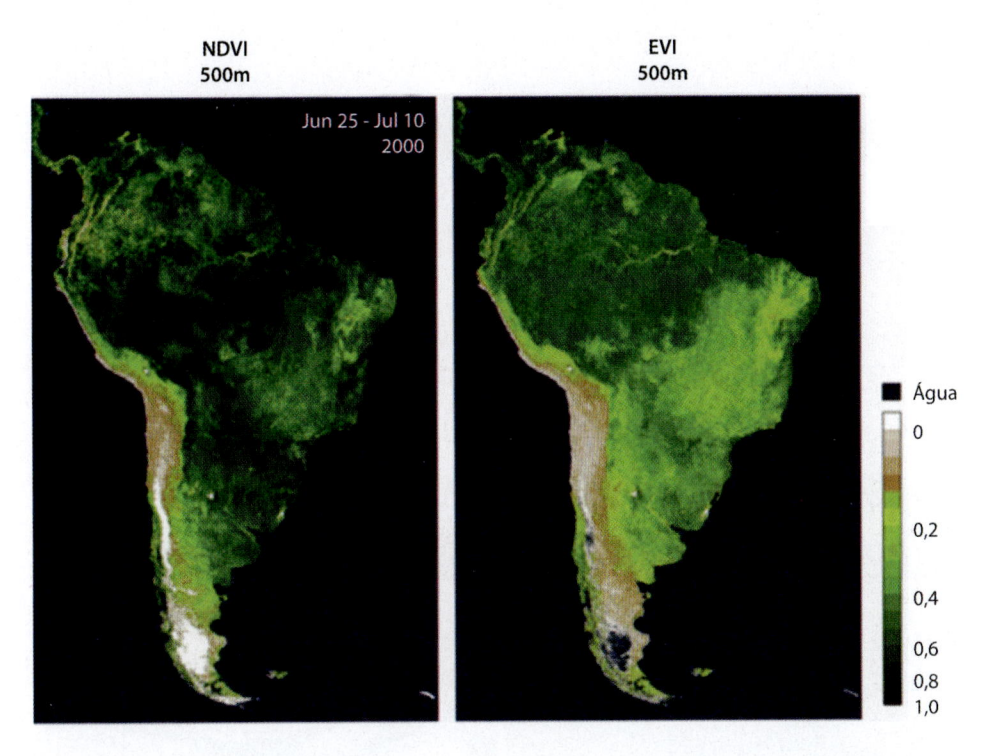

Prancha 11 Imagens NDVI e EVI da América do Sul no período de 25 de junho a 10 de julho de 2000

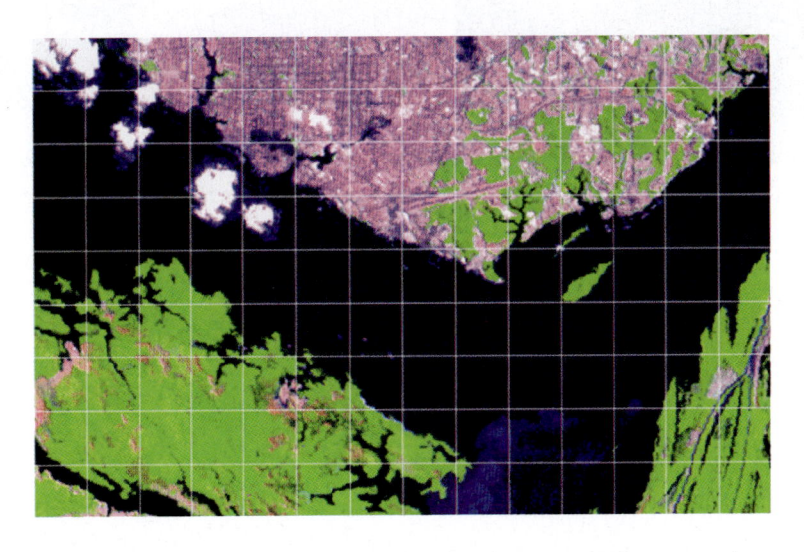

Prancha 12 Imagem TM/Landsat 5 (R5 G4 B3) da região de Manaus (AM) e uma grade correspondente ao tamanho dos *pixels* do AVHRR (1,1 km x 1,1 km)

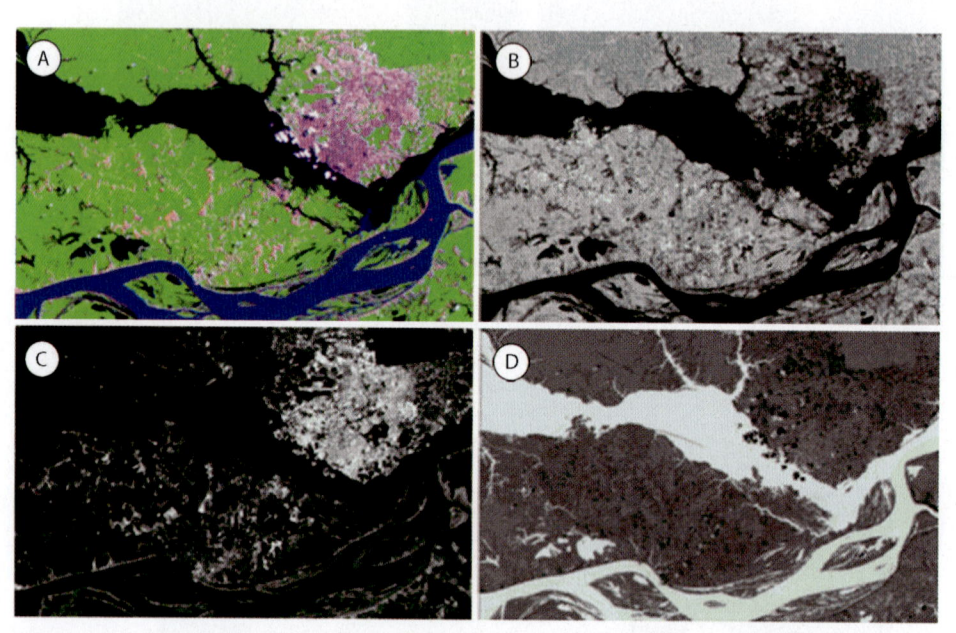

Prancha 13 (A) Composição colorida do TM/Landsat 5 (R5 G4 B3) da região de Manaus (AM); (B) imagem-fração vegetação; (C) imagem-fração solo; e (D) imagem-fração sombra/água

Fração solo

Fração sombra

Fração vegetação

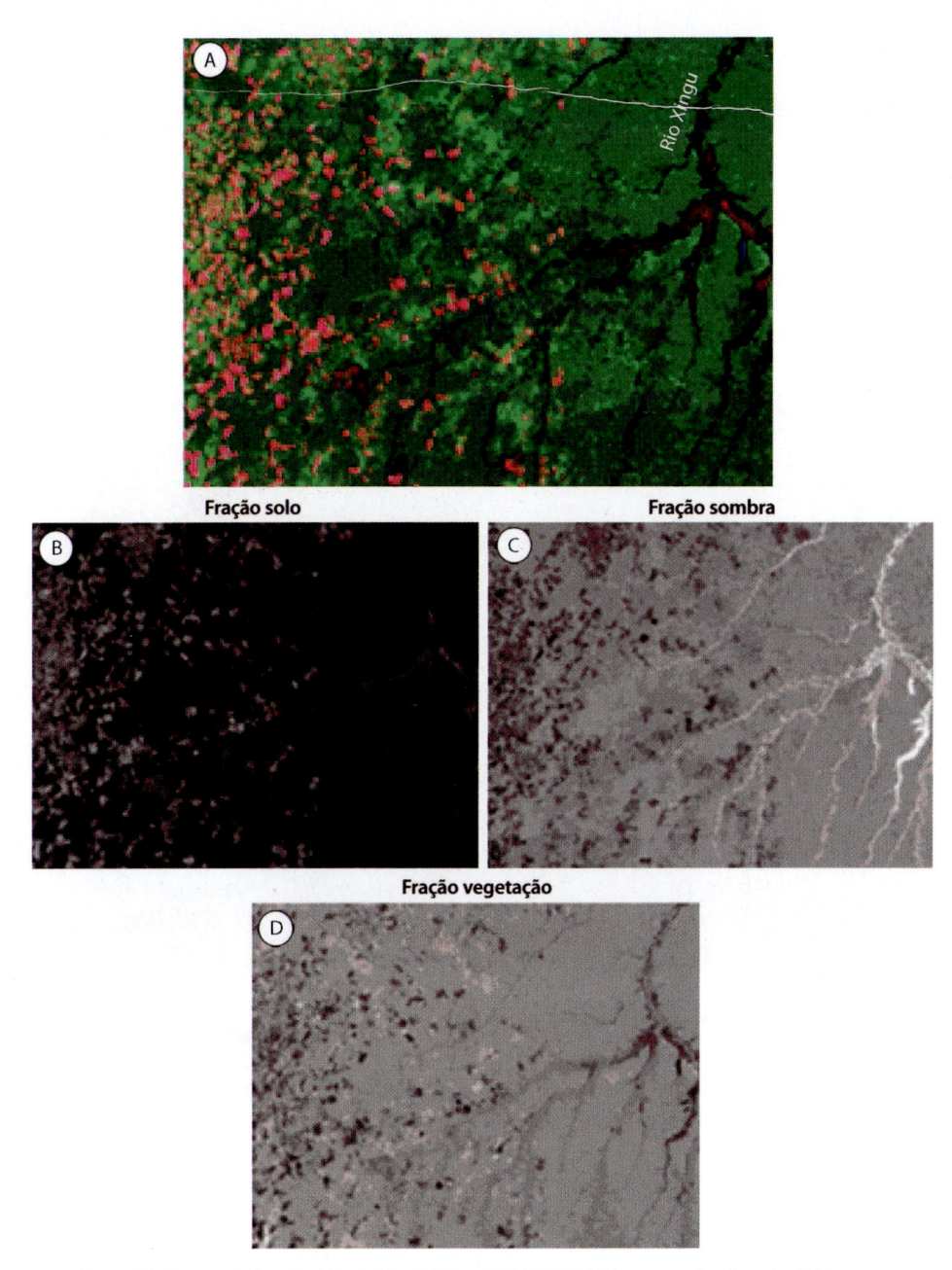

Prancha 14 (A) Composição colorida do Modis/Terra (R6 G2 B1); (B) imagem-fração solo; (C) imagem-fração sombra; e (D) imagem-fração vegetação da região do Xingu (MT), obtida em maio de 2004

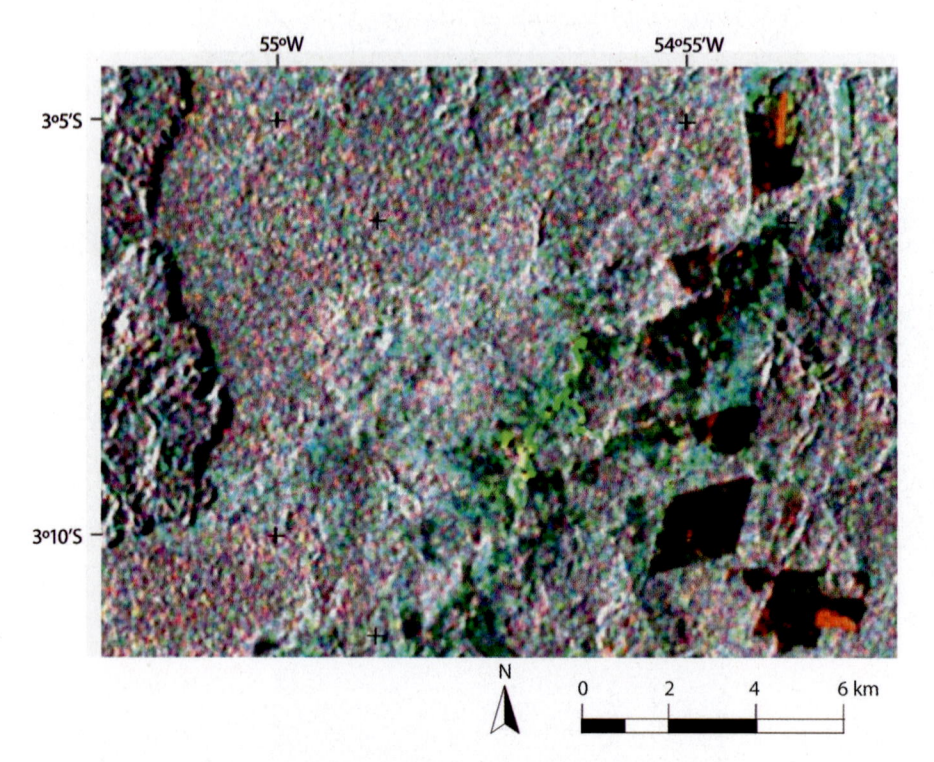

Prancha 15 Extrato de imagem Radarsat-2, banda C, modo Standard (25 m de resolução espacial), HH(R)HV(G)VV(B), nos arredores da Floresta Nacional do Tapajós, Pará, em setembro de 2008

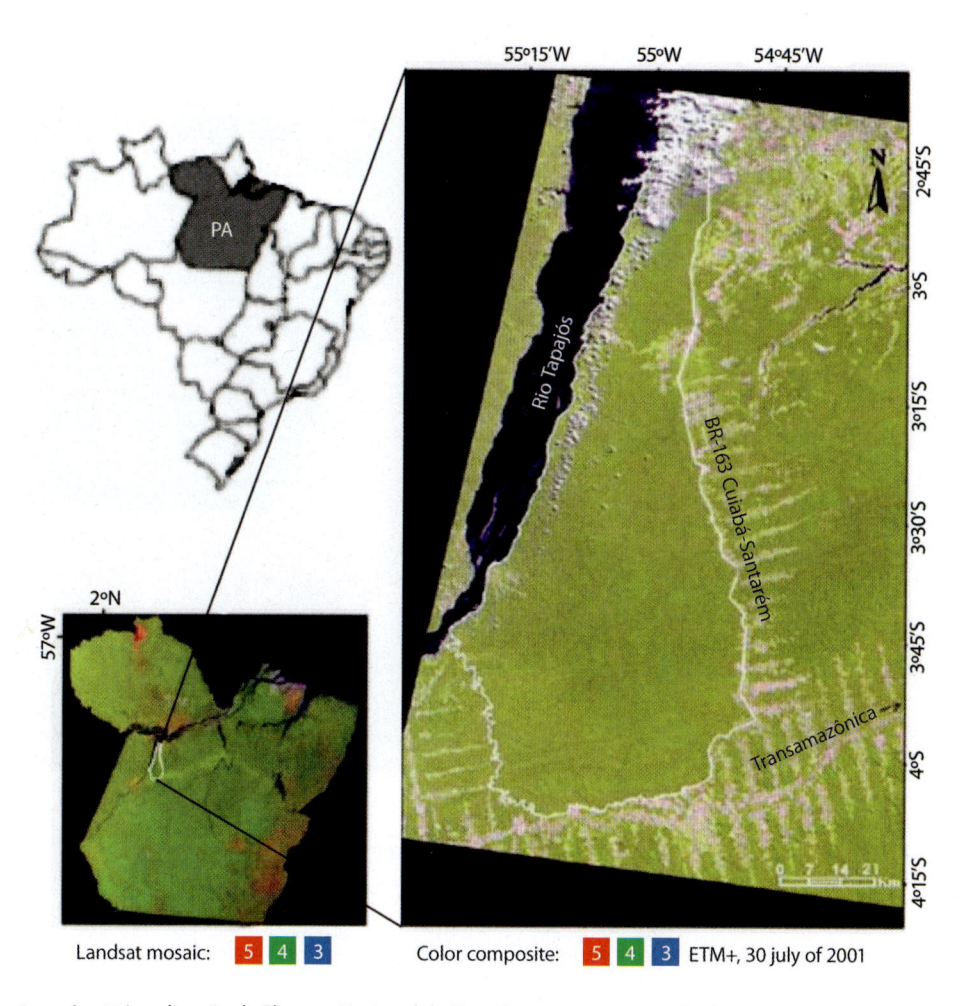

Prancha 16 Localização da Floresta Nacional do Tapajós no contexto estadual
Fonte: Espírito Santo (2003).

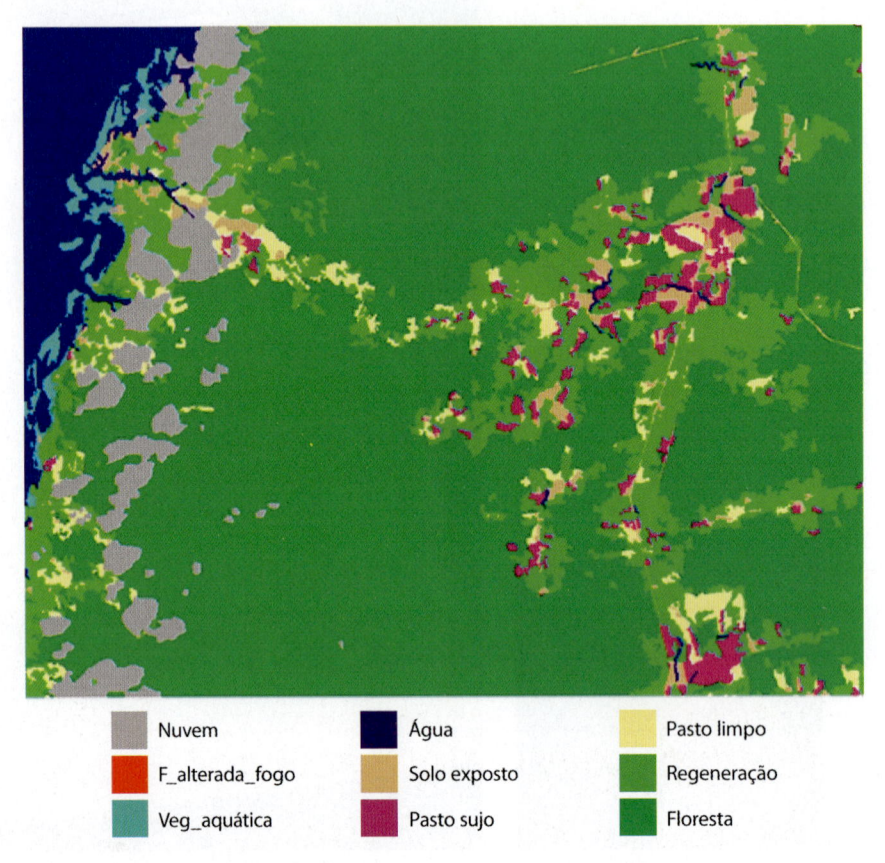

Prancha 17 Mapa temático de uma porção da FNT elaborado por Espírito Santo (2003) com dados ETM+ de 2001

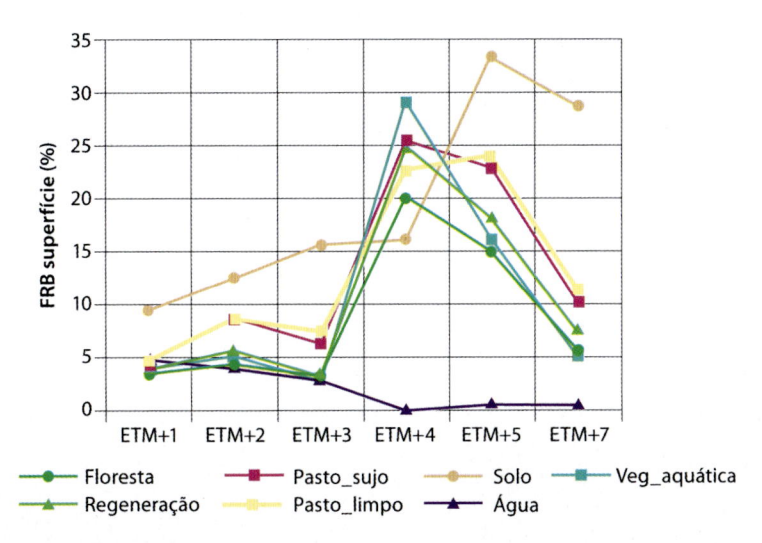

Prancha 18 Valores de FRB superfície extraídos de *pixels* específicos das imagens ETM+ de 2001, para cada classe apresentada na Fig. 5.2

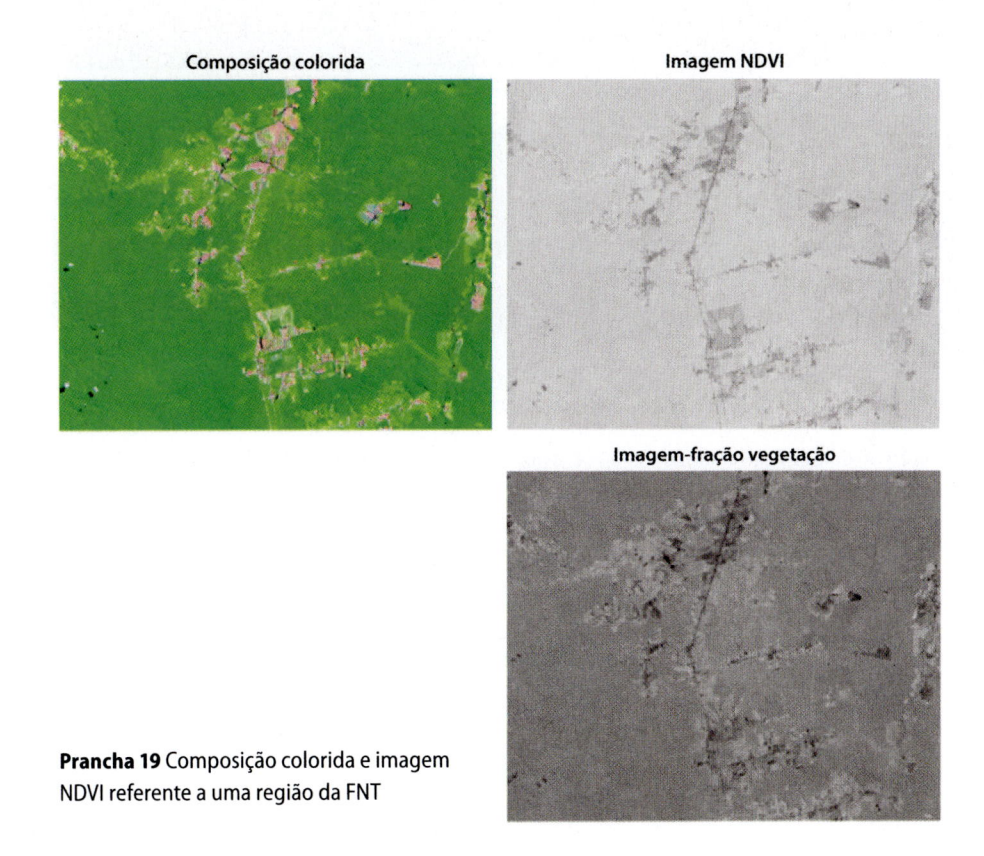

Prancha 19 Composição colorida e imagem NDVI referente a uma região da FNT

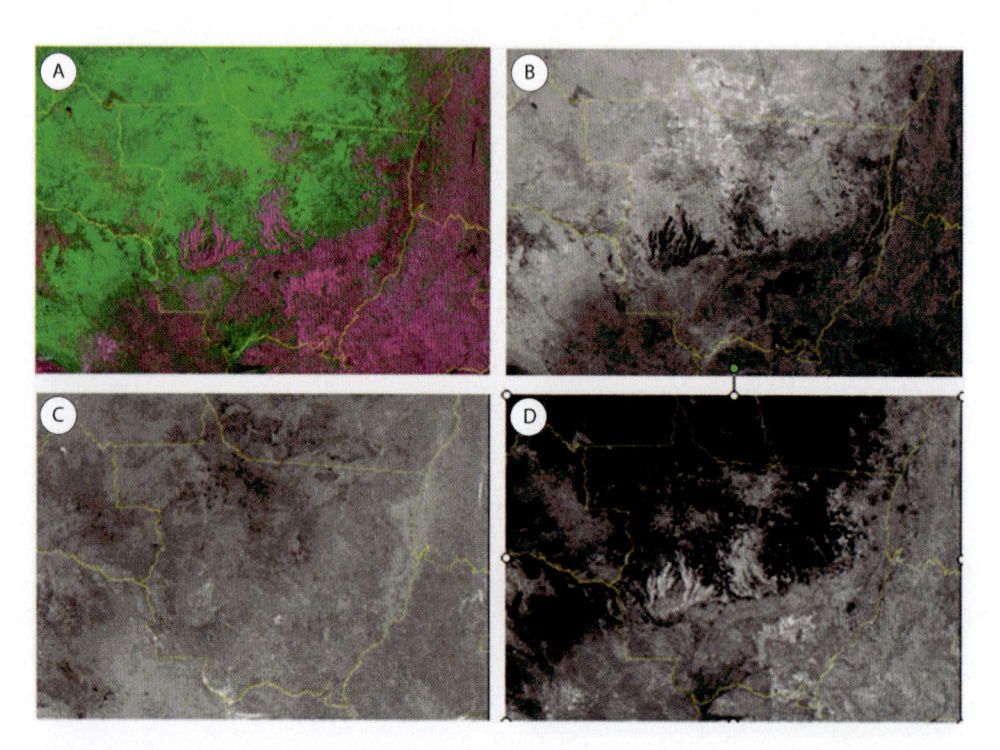

Prancha 20 (A) Composição colorida (R6 G2 B1) e imagens-fração correspondentes (B) da vegetação, (C) da sombra e (D) do solo do Estado de Mato Grosso, derivadas da imagem Modis/Terra obtida em agosto de 2002

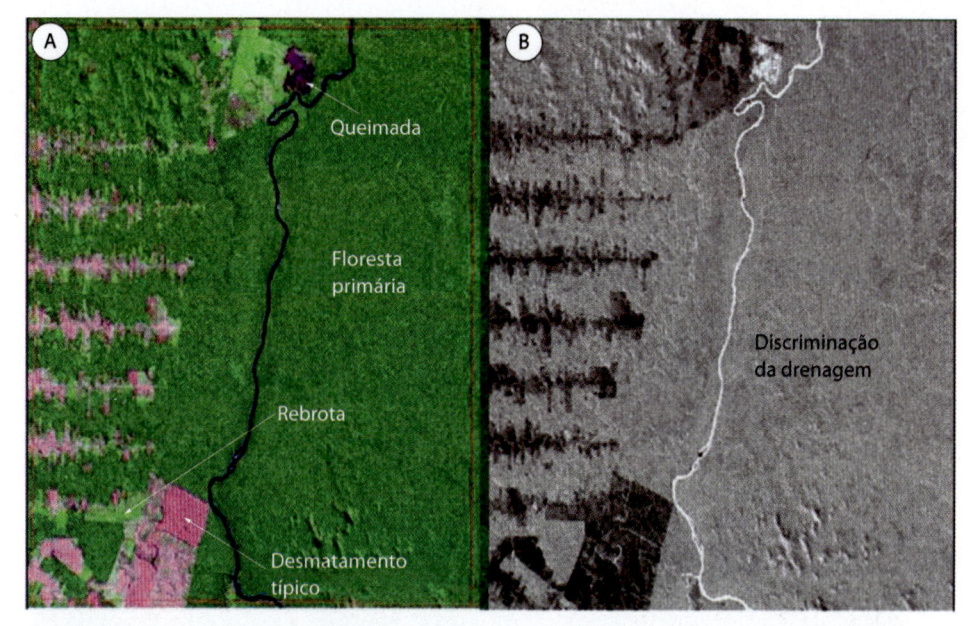

Prancha 21 (A) Composição colorida TM/Landsat 5 (bandas TM5, filtro vermelho; TM4, filtro verde e TM3, filtro azul) de uma área localizada no Estado de Rondônia e sua (B) imagem-fração sombra

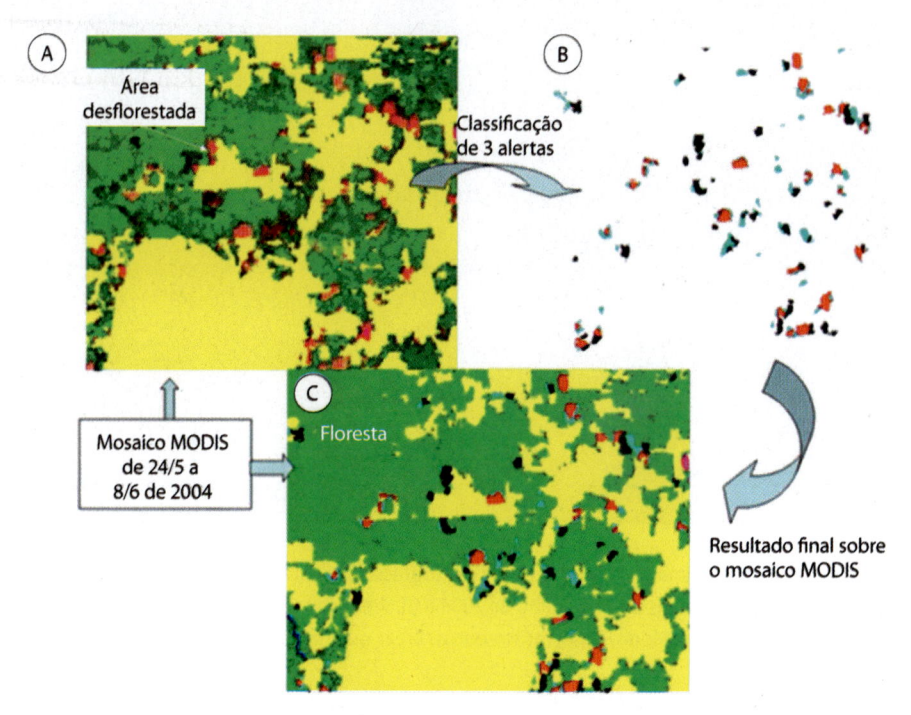

Prancha 22 Mapeamento de áreas desflorestadas detectadas em imagens sequenciais de três datas, obtidas pelo sensor Modis

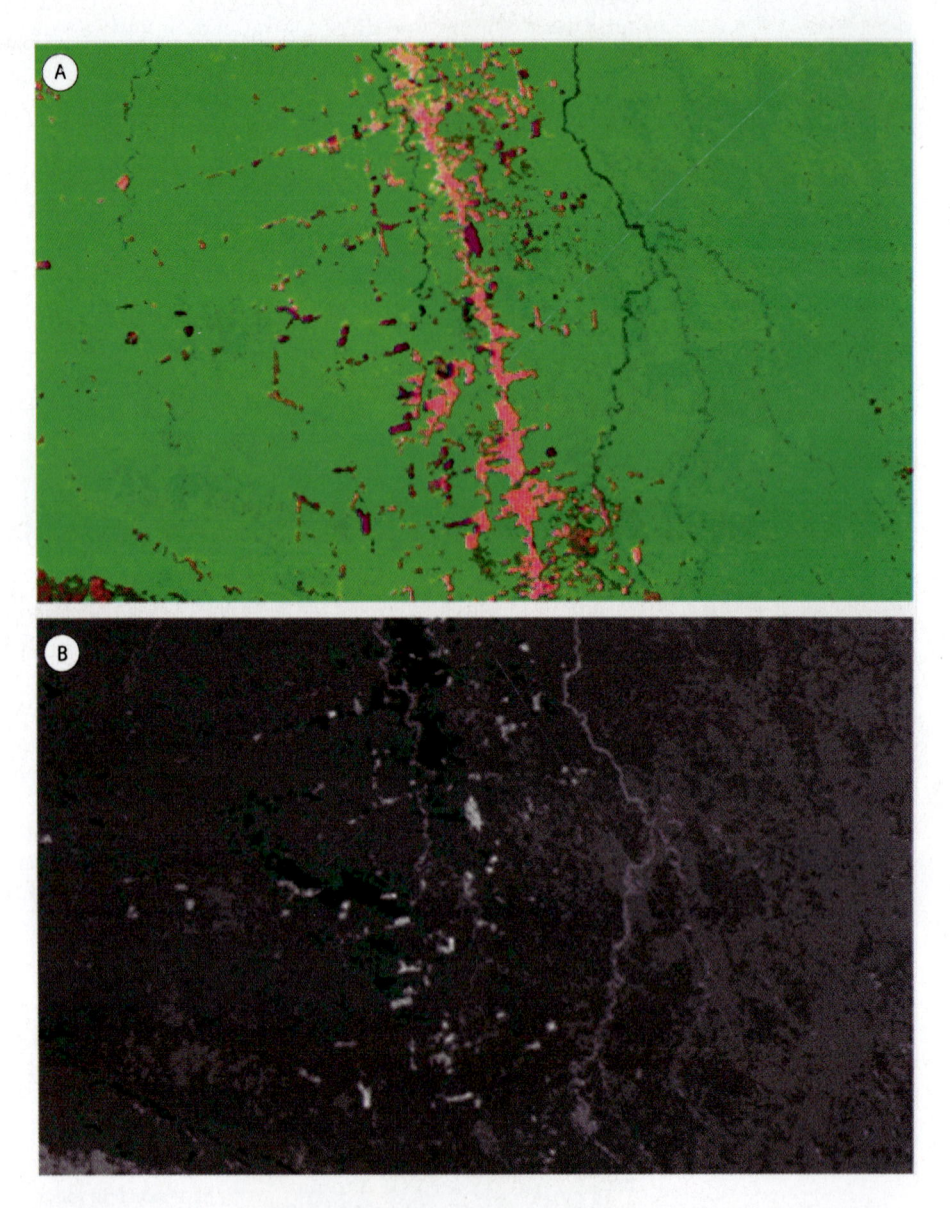

Prancha 23 Áreas queimadas na região de Novo Progresso, PA: (A) áreas escuras na composição colorida da imagem Modis/Terra de julho de 2004 e (B) áreas claras na imagem-fração sombra derivada dessa imagem Modis/Terra, mostrando as áreas queimadas